养育孩子
要懂点心理学

于洋 主编

江苏凤凰科学技术出版社·南京

图书在版编目（CIP）数据

养育孩子要懂点心理学 / 于洋主编 . — 南京：江苏凤凰科学技术出版社，2024.1
ISBN 978-7-5713-3788-9

Ⅰ.①养… Ⅱ.①于… Ⅲ.①儿童心理学 – 通俗读物 ②青少年心理学 – 通俗读物 Ⅳ.① B844.1-49 ② B844.2-49

中国国家版本馆 CIP 数据核字（2023）第 189531 号

中国健康生活图书实力品牌

养育孩子要懂点心理学

主　　　编	于　洋
全 书 设 计	汉　竹
责 任 编 辑	刘玉锋　黄翠香
特 邀 编 辑	蒋静丽　李　翠　石　秀
责 任 校 对	仲　敏
责 任 监 制	刘文洋
出 版 发 行	江苏凤凰科学技术出版社
出版社地址	南京市湖南路 1 号 A 楼，邮编：210009
出版社网址	http://www.pspress.cn
印　　　刷	苏州工业园区美柯乐制版印务有限责任公司
开　　　本	720 mm×1 000 mm　1/16
印　　　张	13
字　　　数	260 000
版　　　次	2024 年 1 月第 1 版
印　　　次	2024 年 1 月第 1 次印刷
标 准 书 号	ISBN 978-7-5713-3788-9
定　　　价	42.00 元

图书如有印装质量问题，可向我社印务部调换。

序

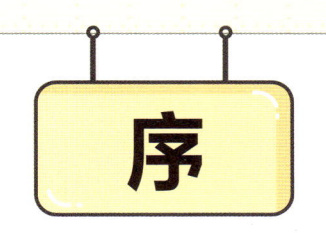

我从事家庭教育工作已经有13年的时光,做过的家庭教育讲座有2 000多场,听过我课程的家庭有50多万个。每次讲课的时候,我都能感受到家长那渴望的、求知的眼神,这让我备受鼓舞。因为他们,我才能在家庭教育讲座的路上一往无前地坚持下去。

在讲课的过程中,有家长问过我:"为什么现在的孩子这么难教?你看我小的时候,父母也没怎么管过我,我长大也不差啊!你看我儿子,从小就不服我的管教,又倔又犟,学习也是一塌糊涂,就不是学习那块料!到了青春期,更不用说了,那简直是没办法沟通。这快上高二了,回家就关门,吃饭都叫不动。我感觉自己都焦虑得快抑郁了。"

遇到这样的家长,我一般都会问他:"你真正了解你的孩子吗?从你的提问中,我归纳了几个问题,第一,你的父母不管你,你成长得也很不错。你有没有想过,以前的大环境和现在的大环境还一样吗?第二,孩子有这么多的问题,你思考过背后的原因吗?第三,对孩子成长的每个关键期和心态的变化,作为父母,你掌握了几分?"

家长听了我的提问以后,沉思一阵说:"于老师,我确实没有去关注过这些,更多的是纠结他太调皮了,不好好学习,青春期又变成这个样子。我一直想改变孩子,却适得其反。我孩子已经这样了,还能改变吗?"我回了一句:"只要你愿意做出改变,孩子就有可能改变,关键看你自己!"

家长问的这句话,让我想起苏联教育专家苏霍姆林斯基的一段话:"教育者应当深刻了解正在成长的人的心灵……只有在自己整个教育生涯中不断地研究学生的心理，加深自己的心理学知识，才能够成为教育工作的真正的能手。"他的这段话是说给教学的老师们听的，但同样适用于每位家长。因为孩子所接受的家庭教育，对他的一生都有重要影响。

　　苏霍姆林斯基的话是在告诉父母：我们要去了解孩子的内心世界，学习更多教育孩子的知识，包括心理学。这当然不是让我们成为专家，而是让我们成为智慧父母，教育出真正优秀乃至于卓越的孩子。而这一切都源于一个字——爱。每一种正确的教育方式都是爱孩子的体现，而这些正确的教育方式是需要父母不断学习，更新自我意识，构建新的自我才能达成的。构建新的自我，脱离原生家庭的负面影响，有助于形成良好的自我关系，而良好的自我关系，有助于形成融洽的夫妻关系，进而促进构建良好的亲子关系。这三种关系的融洽与和谐，是每位家长都要去学习的。这种学习获得的不仅仅是知识，更是智慧。这和父母的学历没有多大的关系，只要拥有了教育孩子的智慧，每一位父母都能把孩子培养成才。

　　在本书中，我将带领大家畅游儿童成长之旅，也让家长重温一下那些年你曾经错过的美好亲子时光，找到走进孩子心门的那把钥匙，从而开启你的智慧教育之门。

于泽

2023.4.15

目 录

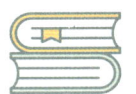

第一章 不容忽视的儿童敏感期

孩子成长路上的 31 个敏感期 / 2

如何应对不同的儿童敏感期 / 9

敏感期被错误地对待，
孩子有哪些反刍现象 / 12

儿童敏感期父母做对了，
孩子更优秀 / 16

儿童敏感期，父母角色定位 / 20

抓住语言敏感期，
培养孩子的表达能力 / 24

第二章 影响孩子一生的习惯培养

影响孩子一生的好习惯 / 28

引导孩子建立时间观念 / 32

培养时间管理能力要趁早 / 36

学习习惯在启蒙教育中培养 / 40

被宠大的孩子和用大的孩子 / 42

这些生活习惯你看见了吗 / 46

第三章
用心陪伴孩子，可以避免很多亲子矛盾

倾听孩子的内心世界 / 50

37℃的温暖 / 54

青春期，指导还是陪伴 / 58

特殊亲子时光 / 60

你真的给过孩子自由吗 / 64

要教孩子学会担当 / 68

什么是感统失调 / 72

孩子感统失调的原因 / 76

发现孩子感统失调，
父母要先调整自己 / 80

专注力是影响学习成绩的关键 / 84

抓住专注力培养的黄金阶段，
孩子自主学习不再困难 / 88

培养专注力很重要，但不能心急 / 92

第四章
感统训练与专注力培养

孩子自主学习力的基础是自信 / 96

鼓励、夸奖和赞美，
你用对了吗 / 100

规则的建立和执行 / 104

自律是天生的，
还是后天培养的 / 106

如何调动孩子的内驱力 / 110

你和孩子建立契约了吗 / 114

第五章
如何培养孩子的自主学习力

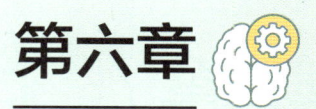

第六章
孩子手机成瘾怎么办

孩子为何会手机成瘾 / 118

没有规矩不成方圆 / 122

使用手机年龄段的重要性 / 126

手机成瘾与抑郁症的关系 / 130

建立多维度价值评价体系 / 134

父母的态度与执行力 / 138

第七章 厌学和抑郁的"两厢情愿"

家庭作业的分量 / 142

让求知欲飞一会 / 144

把书香根植于孩子的心中 / 146

爱是城堡还是囹圄 / 148

叛逆、抑郁、早恋，
令人无法招架的青春期 / 150

行走在抑郁刀尖上的孩子 / 154

解郁的良药 / 156

第八章 如何正确对待孩子早恋

早恋的前兆 / 160

了却孩子"千千爱" / 164

枪响之后，没有赢家 / 168

父母的爱与孩子的恋 / 172

"早恋"麻辣烫 / 176

第九章

不要把原生家庭的问题带到下一代

你忘记自己的童年创伤了吗 / 180

自卑是谁带来的 / 185

童年阴影对人一生的影响 / 190

"踢猫效应"与你的孩子 / 194

第一章
不容忽视的儿童敏感期

孩子童年的经历是一把关键的钥匙，决定着父母是否能够为孩子打开通往幸福的大门，并为孩子的健康成长指引正确的方向。这把钥匙能否起作用的关键在于，父母对不同年龄段孩子所表现出的行为的理解程度，以及在处理问题时父母的情绪和对细节的把控程度。

孩子成长路上的31个敏感期

父母有没有发现：你的孩子在不同的时期都会有不同的变化？比如，孩子懂事了，调皮了，会顶撞父母了，以前会把自己的玩具分享给小朋友玩，现在不肯分享了……这就是孩子处于不同敏感期的表现。

典型案例 1

小鸭子认妈妈

电影《伴你高飞》中，一个小女孩在一棵被伐倒的大树下捡到一窝野鸭蛋，并偷偷将这些蛋放到她爸爸工作室桌子的抽屉里，用一个灯泡给这些蛋加温。不久，就有小鸭子孵化出来了。在小鸭子出壳时，小女孩便守在旁边等待着。当所有的小鸭子都出壳后，小女孩就将它们放在草地上，自己也躺在旁边陪伴着它们。神奇的是，小鸭子把小女孩当成了自己的妈妈，小女孩走到哪里，小鸭子就跟到哪里，它们总是一个跟着一个，从来没有一只掉队。这就是小鸭子的敏感性——认准妈妈并紧跟着妈妈。这种敏感性是它们与生俱来的。

★ 敏感性是人和动物都有的成长特质

孩子跟故事里的小鸭子一样，刚出生的时候，虽然什么都不会，但是他们却拥有"有吸收力的心灵"。除此之外，他们还有一个了不起的特质——敏感性，这是很多动物都具有的特质，这种特质可以帮助它们生存。所以，在孩子成长的过程中，即使父母什么都不教给他，他也会依赖自己的本能成长。

★ 秩序敏感期让孩子能够专一、有序地探索世界

孩子来到大千世界，对于他来说，一切都是未知的。为了让孩子能够从一个事物到另一个事物专一、有序地探索这个世界，大自然就给孩子创造出了属于他的一个敏感期——秩序敏感期。比如，别人把孩子想拿的东西拿走后，他就会哭，只有帮他拿回来，他才会停止哭闹。

所以当父母根据孩子不同年龄段的敏感性，有针对性地进行教育，那么对于孩子未来的成长，就是一个好的开端。

- 敏感性是个了不起的特质

  家长不要提到"敏感"就抵触，敏感性是很多动物都有的特质，也是孩子成长必备的本能。

- 儿童不同年龄段的敏感性不同

  家长能做到在孩子不同的敏感期有针对性地调整教育重心，对孩子的成长非常有利。

- 敏感期是儿童人格养成的关键时期

  要尊重自然赋予孩子的行为与动作，并给孩子提供必要的帮助。

典型案例 2

左右颠倒也可能引起孩子焦虑

意大利育儿教育专家蒙台梭利讲过一个欧洲贵族家庭孩子的故事。在这个孩子1.5岁的时候，保姆因为有事情要离开一段时间，所以家人又给孩子请了一个新保姆。新来的保姆也是经过蒙台梭利机构培训过的，非常懂得如何照顾1.5岁的孩子。但是，自从这个新保姆来了之后，孩子就不吃饭了，而且整天在哭，每当见到这个保姆就拼命地躲，好像被吓着了。大家都不知道这是怎么回事，好不容易熬到原来的保姆回来，两个保姆在一起讨论，进行比较，从给孩子洗澡到给孩子吃饭再到照顾他的生活起居的方方面面。最后她们发现两人之间有一个区别：原来的保姆给孩子洗澡时，是右手托着脑袋用左手给他洗，新保姆则正好相反。这样左右颠倒就把孩子的秩序感打乱了，从而引起孩子的哭闹和焦虑。

★ 错误对待敏感期可能会对孩子造成深层的心理伤害

案例中，如果保姆没有发现孩子异常反应的原因，甚至强迫孩子去接受新保姆的洗澡方式，那么这种痛苦就会持续下去，容易成为孩子深层的心理伤痕。等他长大了之后，他也会常常莫名其妙地感到焦虑和痛苦。他自己也不知道为什么焦虑、为什么痛苦，因为这种焦虑和痛苦已经成为他的潜意识了。

蒙台梭利的贡献之一是她发现了人的发展也存在着敏感期。

儿童敏感期是指孩子在某一个发展阶段，对环境中的某一种元素或某一方面有强烈的敏感度，驱使孩子去做相关的活动，直到他的内在需求被满足或敏感性减弱，他才会停止做这项活动。

温馨提示

在儿童敏感期，作为父母，要尊重自然赋予孩子的行为与动作，并给孩子提供必要的帮助。当父母抓住了这些主要的阶段，并能够给予孩子正确的引导和教育，对孩子以后的学习和专注力的培养都非常有帮助。

每个孩子在成长的过程中，都会经历许多敏感期，可以把这些敏感期细分为以下 31 种，这是每位想要深入了解孩子的父母必须要知道的。

光感敏感期
（0-3 个月）

宝宝心语 我怕黑，我爱光，我更爱看光线变化、明暗交接的地方。

建议 白天拉开窗帘，晚上关灯睡觉，多让宝宝看黑白图卡，宝宝很快就学会分清黑白啦！

味觉敏感期
（4-7 个月）

宝宝心语 我的味蕾在发育，什么口味都想尝试。

建议 给宝宝添加辅食。如果每天只吃一种口味，小心宝宝变得挑食哦！

口腔敏感期
（4-12 个月）

宝宝心语 我要用嘴巴"尝尝"这个世界，爱吃手、爱咬人，什么都想往嘴里放。

建议 别紧张，宝宝只是尝尝，给他来个磨牙棒吧！

手臂发育敏感期
（6-12 个月）

宝宝心语 我爱扔东西，手臂越扔越有力，手眼越来越协调。

建议 请收好易碎的贵重物品，然后和宝宝一块尽情地扔吧！

大小肌肉发育敏感期
（1-3 岁）

宝宝心语 偏不坐着看，就要站着看。走走走，到处走。

建议 辛苦爸爸妈妈，和孩子一起做"暴走族"吧，别怕他摔倒，鼓励让孩子更勇敢。

细微事物敏感期
（1.5-4 岁）

宝宝心语 再小的东西，都逃不过我的法眼，树叶、线头、纸……

建议 那都是他的宝贝，就让他攥着吧，这是培养孩子认真、细心的好时机，能让孩子对事物的观察细致入微哦！

语言敏感期
（1.5-2.5 岁）

宝宝心语 我是小鹦鹉，我爱学说话，你说什么，我就学什么哦！

建议 讲故事，多对话，说好听的、温暖的话，但别说脏话哦，孩子会模仿的。

自我意识敏感期
（1.5~3岁）

宝宝心语：我爱说"不，我就不"。我不是任性，我在感受"我"和"他人"的不同。

建议：孩子很小，但他也是一个独立的人，他正在"找自己"，请理解和尊重他。

秩序敏感期
（2.5~4岁）

宝宝心语：我希望每个东西都有固定的位置，每件事情都有固定的顺序。

建议：让一切变得有序吧，比如，东西拿了要归位，可以让固执的孩子更安心、更专注，长大后逻辑思维会更好。

空间敏感期
（3~4岁）

宝宝心语：我喜欢钻箱子，我喜欢掏抽屉……我只是想知道它们有多深。

建议：多买些几何立体玩具给孩子玩吧，他正在建立自己的三维立体感！

色彩敏感期
（3~4岁）

宝宝心语：我爱涂色，甚至涂到脸上去，我要用身体来感知颜色。

建议：买无毒颜料、彩色绘本、涂色书，也别忘了带他出门。大自然就是孩子喜欢的调色板。

思维敏感期
（3~4岁）

宝宝心语：请叫我"十万个为什么"宝宝。

建议：别敷衍，耐心答，答不上来，那就一起去探索吧！保护孩子的好奇心、求知欲。

剪、贴、涂敏感期
（3~4岁）

宝宝心语：我不是在剪、贴、涂，我是在创作，是在专注于练"手"和"眼"，我是在学习使用工具哦！

建议：什么都不用做，备好材料，别打扰他就行。

藏、占有敏感期
（3~4岁）

宝宝心语：这个饼干分不分给别人，我要自己做主。

建议：给孩子一片自己的领地，他的东西他做主。这样的孩子，长大以后内心会更强大。

执拗敏感期
（3~4岁）

宝宝心语："什么事，我说了算。"在我心里，有一套不容破坏的固定程序。

建议：别和孩子硬碰硬，学会变通，按他要的秩序重来一遍就好了。

追求完美敏感期（3.5~4.5岁）

宝宝心语："哎呀，碗里还有一粒米"，赶紧用勺子刮干净，"一点儿都不能留"。

建议 尊重孩子，不要在意孩子一定要吃完最后一粒米是否超出了他的食量。

诅咒敏感期（3~5岁）

宝宝心语 我发现语言原来是有力量的，"打死你""屁妈妈""坏老师"，我只是说着玩，没有恶意。

建议 想想他是从哪儿学来的？追溯源头，其他的忽略就好。因为你越在意，他越着迷。

打听出生敏感期（4~5岁）

宝宝心语："妈妈，我从哪里来的？我是怎么来的？"知道自己从哪里来，会让我感到安全。

建议 拿出绘本，好好给孩子讲讲生命的起源吧！

人际关系敏感期（4.5~6岁）

宝宝心语 我爱我的好朋友，我也爱和他们闹别扭，但别担心，过一会儿我们就和好了。

建议 少计较，多安慰；少介入，多鼓励。多带孩子出去认识更多的人吧！

婚姻敏感期（4~5岁）

宝宝心语 我要结婚啦！我有男朋友啦！

建议 别紧张，这是孩子对性别最初的感觉，让他去"爱"吧！在投入情感、受到挫折的过程中，他会慢慢懂得"互爱是婚姻的基础"。

身份确认敏感期（4~5岁）

宝宝心语 我开始有偶像啦，我是超人，我要穿成超人的样子，我要去拯救地球啦！

建议 为了帮助孩子创造自我，父母就配合一下"超人"吧！"超人，我想和你合个影。"

性别敏感期（4~5岁）

宝宝心语 我开始发现人分男女："为什么我有小鸡鸡，她就没有？"

建议 像解释眼睛、鼻子、嘴巴一样，给孩子科学客观地解释一下男女差异吧！

审美敏感期（5~7岁）

宝宝心语 我很"臭美"，希望别人夸我美，我想穿穿高跟鞋、抹抹口红，我要自己选衣服，不美就不出门。

建议 现在不美，以后就没审美，就让她美吧，记得再夸夸她。

数学概念敏感期
（4.5~7岁）

宝宝心语 看到东西我就想数，看到数字我就要念。

建议 在生活中数数，在游戏中用数。

绘画敏感期
（4~7岁）

宝宝心语 我知道你看不懂我的画，可是我就是爱画画，还要到处画。

建议 给他准备一张白纸吧，对于孩子的"神作"不干预、不嘲笑，多鼓励，就让他画出真实的自己吧。

音乐敏感期
（4~7岁）

宝宝心语 我爱唱，我爱跳，我爱小指弹弹弹。

建议 别打击孩子，也别揠苗助长，别只放《小苹果》，也去看看音乐剧吧，音乐品味要从孩子小时候开始培养。

识字敏感期
（5~7岁）

宝宝心语 看到一个不认识的字和符号，我就想问问这是什么。

建议 给孩子讲绘本故事时，可以带孩子指读。另外，除了准备识字卡，不如把家里的每样东西都标上文字吧！

社会兴趣发展敏感期
（6~7岁）

宝宝心语 我喜欢规则，我喜欢合作，我喜欢体验各种社会角色（老师、医生）。

建议 多带孩子参加社会公益活动，培养社会责任感。

数学逻辑思维敏感期
（6~7岁）

宝宝心语 我不止会数"1、2、3"，我还知道3比2大，1最小。

建议 用楼层或门牌给孩子展示序列，引导孩子进行推理，也可以用教具、绘本帮孩子理解运算。

动植物、科学实验、收集敏感期
（6~7岁）

宝宝心语 动物、植物、河流、星空……我迫不及待地想了解大自然的一切。

建议 那就带孩子去接触大自然，也可以通过看书让孩子了解大自然。

文化敏感期
（6~9岁）

宝宝心语 社会、艺术、自然……我想学习各个领域的知识，探究事物的奥秘。

建议 书籍、电影、动画、展览、旅行……用丰富多样的形式为孩子提供文化信息。

如果粗暴对待敏感期，负面影响会很持久

有的孩子在 5 岁左右偶尔会吃手指头。父母会认为这孩子有问题了：这么大还吃手指头。然后挖空心思想去改变孩子，并尝试涂辣椒水、打手等诸多的办法。结果问题不但没有得到解决，孩子反而变得畏缩不前了。有些父母会认为：自己在小时候也被打过，也没什么问题，孩子不就是这样管教吗？

作为成年人，我们回想一下，到了现在这个年龄，自己在遇到困难的时候，有没有不敢去面对？为什么会出现这种情况？就是因为在你的儿童时期，遇到相似问题的时候，你的父母用了和你同样的方式。为什么你的人际关系处理能力不够强？因为在你童年时期，父母在处理这种问题的时候也是简单而粗暴的。然而，这样处理的结果就是，问题不仅没有得到解决，还在你的心里埋下了一颗畏缩不前的种子。

孩子的问题已经形成，还有改变的可能吗

其实，儿童敏感期的知识更适合初为父母的人学习。当然，只要意识到了儿童敏感期的重要性，只要孩子不到 12 岁，就还有机会！

在孩子 0~6 岁的这个阶段，如果敏感期没有得到良好发展，到了 6~12 岁，还是有机会弥补的。但是，这有个前提，那就是 6~12 岁期间，孩子必须有一个充满爱和自由的成长环境。

但是也有一些孩子，6 岁以前没有得到来自父母的宽容和疼爱，6 岁以后也没有受到包括父母在内的教育参与者的尊重。在这些孩子身上，我们看不到敏感期的种种表现。其实也不难理解，这可能是因为敏感期没有得到更多关注。

你还会担心孩子有各种各样的问题吗

孩子到了小学阶段，专注力如何？

写作业还会有那么多的问题吗？

回想一下，在孩子处于这 31 个敏感期的阶段，你是如何去做的？

31 个敏感期，只要家长掌握好了尺度，让孩子的身心得到锻炼，思想不被限制，自理能力不断增强，孩子就会养成良好的生活习惯和学习习惯。

如何应对不同的儿童敏感期

在某个时段，孩子会对某一项能力很有感觉，任其自然发展，会有大量的自主意识产生。父母强行制止孩子的探索行为，可能会破坏孩子的敏感期。相反，若能抓住时机，在孩子处于某个敏感期时加以引导，对于孩子心智和技能的发展将会事半功倍。

对待儿童敏感期，父母要有耐心

在每一个儿童敏感期，父母多一些耐心教导孩子，孩子就会给父母一些意外的惊喜。当然，这些惊喜只属于那些有耐心、有智慧，并且能处理好自己情绪的父母。相反，当父母或者其他人打破了这种和谐，孩子就会感到不安，大发脾气。比如，当孩子在外面玩沙子或者玩一些不干净的玩具时，有些父母认为沙子或玩具脏，就会制止孩子的行为。

典型案例 ❶

当孩子的秩序敏感期被破坏

轩轩[①]今年4岁，轩轩爸爸向我咨询的时候说：感觉轩轩特别任性。我就问轩轩爸爸孩子有哪些表现。他说：轩轩有一个大型的玩具塑料盒，盒子里摆放着轩轩喜爱的玩具，每个玩具轩轩都按照自己的想法摆放着。有一次，隔壁邻居家的孩子来轩轩家玩，特别喜欢他的玩具塑料盒，就动了里面的玩具。当时轩轩不在家，等他下午回来以后，一眼就发现玩具塑料盒里的玩具位置不对，就开始大发脾气，闹了整整一天。从那以后，那个玩具塑料盒就成了全家人不敢触碰的禁物，除了轩轩自己，谁都不能碰。不仅如此，全家人每天的日常生活也必须按照轩轩的想法来。比如，进门之前必须是轩轩开门，如果是妈妈开门了，他就会让所有人都出去，然后自己再开一次门。总之，家里的很多事情都必须按照他的想法来。轩轩父母对此也是束手无策。

[①] 本文所使用的人物名称除作者的女儿越越以外，均是化名。

案例分析

轩轩之所以会有强烈的情绪反抗，是他的秩序感被破坏而导致的结果。

我给轩轩一家人的解决方案是，和孩子一起来整理家里的物品，轩轩主导，全家人配合，把一些东西摆放在固定位置上，比如，把牙线盒放在餐桌后面的右上角；约定好拿出来用完的东西需要放回原位去；每次吃饭前，轩轩和妈妈或者爸爸一起洗手，吃完饭一起漱口。

全家人一起制订了一个回家后的规则：在轩轩睡觉前全家都不看手机；爸爸妈妈每天在固定时间陪孩子做一些亲子游戏，让轩轩感受到他的秩序感被父母认同和尊重。万一因为爸爸妈妈加班，做不了亲子游戏了，一定要提前和轩轩沟通、商量，让轩轩感受到，因为一些特殊情况，秩序可以被改变，他就不会因为他的秩序感被破坏了而不能接受。

认真对待孩子的兴趣

正如玩沙子这个过程，能让孩子大部分身体都和沙子接触，这样能让孩子的触觉得到很好的刺激。孩子的脚掌虽然很小，却遍布神经末梢，踩在软软的沙子上，能够让脚掌的不同区域都受到刺激，有助于孩子神经末梢的生长发育。

如果孩子的这种探索心理被强行阻止，就会导致孩子害怕陌生环境，不敢触碰。所以当孩子认真去观察蚂蚁或者是其他任何他特别感兴趣的事物时，父母不要打扰孩子的观察，尽量给予孩子自由，让孩子自由发挥。只要孩子不做出格的事情，其余都随他。

> 当孩子处于某一个敏感期内，父母对待孩子的情绪以及教育的方法、态度，都会影响到孩子在这一时期内的身心发展。

父母的耐心就是孩子快乐成长的金钥匙

当父母能够静下心来以一颗童心去体察、询问孩子的想法和需要时，或许就会发现许多童真、童趣和美好的事物。父母的耐心就是孩子成长中的一把和谐、快乐的金钥匙，孩子的心锁就很容易被打开。因此，父母不要用成人的思维捆住孩子的手脚，要让孩子自由思考，快乐成长。

典型案例 ❷

抓住敏感期，培养孩子的能力

一个孩子在他学龄阶段能表现出对学习的兴趣，或者在学习上的优势，是因为在孩子相对应的敏感期内，父母用了正确的方法引导。

当我意识到女儿越越的语言敏感期已经来临，就带着她读启蒙经典，如《三字经》《弟子规》，一边读一边听越越的解释。当然，越越可能无法完全理解，只要她愿意去读、去解释书中的一些词语就已经非常好了。加上在幼儿园学到的内容，在5岁到上小学之前这个阶段，越越积累了差不多上千个词语。

在越越的数字敏感期，我给越越买了一个有100个木珠子的类似算盘的算术教具，引导越越运用它。

"越越，妈妈给你买了8本恐龙绘本，你看看喜欢不？"

越越高兴地冲过来，迫不及待地看着那一整套恐龙绘本。这时我困惑地说："哎呀，8本绘本，我忘记花了多少钱了！"越越就说要帮我，然后把那个算术教具拿过来了。

"我想想，一本是8元。"我一边说着一边拿起一本。

越越数了8个珠子："那你买了几本呢？"

"8本。"

在我的引导下，越越算出正确的价格，非常开心。这也为她的数学打开了一扇兴趣之门。

重视敏感期，避免和孩子产生不可逾越的鸿沟

孩子在成长的过程中，会经历31个敏感期，在每一个敏感期，孩子表现出来的行为也是不尽相同的。但是很多父母并没有意识到要去学习、了解孩子成长过程中所经历的敏感期，所以对孩子的敏感期没有足够的重视，甚至认为处于敏感期的孩子无法理喻。当没有解决办法的时候，有些父母可能会用打骂的方式来让孩子变得听话。但是这种方式不会让孩子真的听话，反而会让孩子出现学习或者其他行为问题，为父母和孩子的沟通埋下隐患。

敏感期被错误地对待，孩子有哪些反刍现象

儿童敏感期非常短暂，经历过就会快速消失。这个阶段不仅是孩子学习的关键时期，也是影响孩子心灵和人格发展的关键时期。一旦错过了孩子的敏感期，在孩子成长路上或多或少会有遗憾。

敏感期的发展被阻碍的短期后果

在 31 个敏感期内，孩子逐渐步入自己身体各个部位需要发展的阶段，但对于大部分孩子来说，如果敏感期的发展受到干扰或阻碍，孩子身体的相关功能就会丧失。比如，孩子双手的灵活度比起其他孩子会显得差一些；孩子的语言能力和同龄的孩子相比也会有所不足，说话不够连贯，或者无法准确表达自己的想法……

敏感期对孩子有长期影响

一个孩子的习惯不仅会影响到生活，还会关系到孩子成年之后的事业。

孩子在家庭中生活的时候很难看出存在哪些不足；但是当孩子进入集体生活后，就会发现孩子的性格各有不同，很容易分辨出哪个孩子的行为习惯更好。所以当孩子处于敏感期的时候，需要爸爸妈妈用"心"去捕捉。

孩子的成长离不开敏感期时的引导和教育

孩子的敏感期很重要、很珍贵，处于敏感期的孩子，会通过"有吸收力的心灵"进行学习，建立与外界的联系。孩子在敏感期内，如果他的内在需求受到阻碍，孩子会因此而错失良好的学习时机。这时就需要父母认真观察，及时发现孩子的成长和变化细节。

口欲期粗暴阻止孩子吃手的危害

小森8岁，上小学二年级了，还是没有改掉吃手的坏习惯。不论是在家里写作业，还是在上课，小森都会不自觉地把手指头放进嘴里去吮吸。为此，上课的时候，老师一发现小森在吮吸手指，就点小森的名字，让他改掉吃手的坏毛病。但是小森经常无法控制自己，上课走神的时候会吃手，莫名紧张的时候会吃手，睡觉的时候不自觉地吃手，聊天的时候也会下意识地吃手。他因为吃手这一习惯经常受到老师的批评和同学的嘲笑。

刚开始的时候，小森妈妈并没有意识到小森的问题，对此事的严重性也没有足够的重视。当小森的老师一再要求小森的父母带孩子去医院检查时，他们才重视这个问题。医生认为：小森吃手的主要原因是在他口欲期时不断被人为阻止，导致他现在出现了吃手的坏习惯。

实际上很多家长，尤其是爷爷奶奶（或者外公外婆）在孩子小的时候看到孩子吃手、舔玩具等，怕不卫生，就会对孩子的行为进行阻止。

医生给了小森父母一些建议，但是在实际操作的过程中，仍然出现了很多的问题。后来，为了防止小森吃手，一看到孩子吃手，他们就直接去打小森的手，时间一长，小森开始抗拒和父母交流。小森的学习成绩相比以前也是越来越差。小森的父母这时通过朋友的推荐找到了我。

我让小森的父母回忆小森从小到大的所有成长细节，总结了小森吃手的成因：小森父母经常当着小森的面讨论这些问题，无形中把大人的焦虑和紧张传染给孩子，给小森造成了很大的压力。我建议他们以后不要当着孩子的面去讨论这些问题。

小贴士

家长的一些不良行为

☒ 粗暴制止
☒ 不重视
☒ 过于焦虑

温馨提示

如果孩子的口欲期得不到满足，等到孩子稍微大点的时候，就会暴露出很多问题。有的孩子爱吃手指，有的甚至爱咬人。

过了口欲期还吃手危害大

孩子吃手时，如果没有采取正确的方式方法予以纠正，等孩子上了小学、初中可能会继续吃手、啃手指甲。手指上有大量细菌，并且吃手在一定程度上会导致手指和牙齿变形。这不仅会给身体造成影响，也会对孩子的心理健康非常不利，因为孩子上学以后是生活在集体中的，他的同伴可能会投来诧异的眼光，或者取笑孩子，慢慢地孩子会变得自卑，无法和同伴相处。在心理学上，有一个名词叫"同伴压力"，是说在同伴压力之下，个体会感觉到被影响，进而改变自己的态度，包括三观。

- **正确对待口欲期**

  孩子的口欲期得不到满足，后面就会暴露出很多问题。

- **不要等问题一发不可收拾了再重视**

  没有采取正确的方法及时纠正，后期干预难度会更大。

- **不要用完美主义要求孩子**

  吃手不是多大的过错，慢慢引导就行，不要对孩子过分苛责。

案例分析

转移他的注意力

我建议小森父母：一旦小森下意识吃手，可以给他一颗棒棒糖，含一两口，或者用孩子比较喜欢的东西去替代。比如，他比较喜欢的玩具，让他的双手"忙起来"，这样孩子就无暇去吃手了。另外，当孩子有不良情绪的时候，教他用语言去描述情绪，而不是用吃手指的方式来排解自己的不良情绪。当孩子描述完情绪以后，家长要尽可能地用肢体动作来安抚孩子的情绪，这样就能够帮助孩子找到正确的宣泄情绪的渠道。

在生活当中，从细节入手，多关心孩子，包括耐心地倾听孩子的每一次谈话，细心观察孩子的每一个眼神，让孩子感受到父母对他的理解、尊重和关爱，这样逐步引导孩子解开自己的心结。

听了我的建议之后，小森父母做了计划列表，几乎每天都是按照我教他们的方法去做。大约过了半年，小森逐渐改掉了吃手这个坏习惯。

未雨绸缪，提前学习教育知识

小森的这种情况在孩子年龄比较小的时候出现的概率会更大，所以我会建议父母在备孕阶段就开始学习系统的儿童教育课程，这样才能在对的时间做对的事情。类似小森这样过度吃手的例子，可能在源头期就不会发生。"亡羊补牢，未尝不可"，孩子的教育是一场"现场直播"。如果我们再次回头，我们所补的每一个"补丁"都可能为孩子未来的人生多种下一颗可能性的种子。

- 什么时候吃手都不要粗暴制止

  用讲道理或者讲故事的方式和孩子沟通相关事宜。

- 关注孩子的内心

  有的孩子吃手,可能是因为他们缺乏安全感。

- 及时关注孩子的需求

  有时候孩子有心事,不愿意和父母沟通,这时就需要父母多关注。

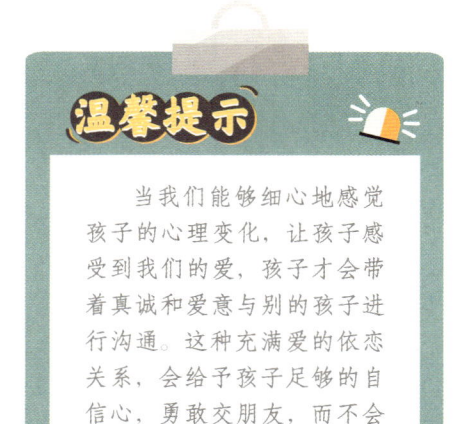

温馨提示

当我们能够细心地感觉孩子的心理变化,让孩子感受到我们的爱,孩子才会带着真诚和爱意与别的孩子进行沟通。这种充满爱的依恋关系,会给予孩子足够的自信心,勇敢交朋友,而不会被自卑打倒。

为了帮助更多的孩子顺利度过口欲期,改掉孩子长大以后吃手的习惯,我给出了一些相对合理的建议和方法,可供家长朋友们参考。

准备小零食应对不合时宜的吃手习惯。

孩子过了口欲期以后,如果还有吃手的习惯,家长可以给孩子准备一些健康的小零食,比如,磨牙饼干、奶酪棒等。当孩子走神去吃手的时候,及时把这些健康的小零食给孩子。当然,为了避免孩子染上爱吃零食,不喜欢吃饭的不良习惯,让孩子稍微吃几口就可以。要知道,有的孩子不是故意吃手,而是下意识地吃手。因为这种行为并不受大脑的控制,而是肢体的一种下意识反应。

当孩子上了小学,还有吃手行为,不要粗暴地去制止。

因为这个年龄段的孩子已经完全能够听懂或者明白家长所讲的道理了。另外,当孩子想吃手的时候,可以帮孩子找一些他想做的事情,比如,写 25 分钟的作业,玩 5 分钟的玩具。如果孩子做到了,可以和孩子沟通他想要什么样的奖励;如果没有做到,让孩子自己决定怎样惩罚合适。只要我们给予孩子一定的时间和耐心,他们就会找到自己新的兴趣点,吃手这个坏习惯也会被逐渐地改掉。

陪伴是一个永远不变的话题。

对于那些有吃手习惯的孩子来说,他们缺乏安全感,有一点小事情内心就会感到压力和焦虑。如果身边的同伴经常取笑他、孤立他,他就会产生孤独感。如果父母对此有充分的关注,那么无论平时多忙,都要抽出一定的时间陪伴他。比如,每天抽出 30 分钟来做亲子共读,或者和孩子做一些亲子游戏,可以让孩子获得充足的安全感。

儿童敏感期父母做对了，孩子更优秀

在一段短暂的连续的时间内，孩子会对某一项能力很有感觉，任其自然发展，就会有大量的自主意识产生。如果父母不理解他或者打击他，就会破坏敏感期，失去教育孩子的良好机会。如果父母能抓住时机，引导并训练孩子某项技能，将会事半功倍。

6岁之前的孩子更需要父母陪伴

陪伴孩子，父母就要对自己孩子有所了解。在孩子6岁之前，大部分父母把全部精力都放在了工作上，毕竟很多父母刚组成家庭的前几年，经济条件并不是很好，为了给家人更好的生活，不得不放弃陪伴孩子，出去工作赚钱。还有很多贫困地区的父母为了赚钱外出打工，把孩子留给自己的父母或者亲戚照顾。这样的孩子，吃穿都成问题，更不要提及有人重视他的儿童敏感期了。

即便是在一线城市，也有很多父母从来不重视孩子6岁之前的陪伴，更不会注意到孩子在成长过程中产生的细微变化。

典型案例 孩子有不合时宜的想法，怎么办

我在女儿越越1岁多的时候给她买了DVD和几张跳舞的光盘，大约2.5岁以后，越越每周都会跟着光盘跳两三次舞。在孩子3岁8个月的时候，越越强烈要求上舞蹈班。于是我们带她去舞蹈培训机构咨询，但是我们感觉越越还小，不想给她报班。结果，越越在舞蹈培训机构的教室里大哭，一定要上舞蹈课。我和越越爸爸除了拥抱和亲吻，只是简单地安慰了孩子，并没有给孩子做过多的解释。我和舞蹈老师沟通后，老师对越越说："老师教的最小的孩子是4.5岁，越越你多大了呀？""我3岁8个月，我能来上课了。""那老师和你一起算算到4.5岁还有几个月好不好？"舞蹈老师拿出手机和孩子一起算着，然后又指着正在跳舞的一些小朋友对越越说："你看，这些姐姐都比你大一些对不对？等你长到她们这么大的时候，老师就可以教你了。"听完舞蹈老师的话，越越竟没有再闹着要上课。

无论孩子多大，父母都要给予尊重

我曾经见过很多类似的场面，孩子想上兴趣班，父母不允许，结果父母吼叫、打骂孩子。其实，这对孩子的伤害很大，无论孩子多大，父母都要给予孩子尊重。

也许在经历过很多事情的家长看来，孩子的观点有一些幼稚，但是反过来想一想，孩子的某些观点也是有一些可爱的。他们都是天真无邪的小朋友，还没有经历过社会上一些不公平的事情。所以，作为父母，在学习了家庭教育的相关知识并有所领悟后，不会再以吼叫、打骂的方式去和孩子沟通，尊重自己的孩子，让孩子感受到父母的爱，而不是在自己的权威被挑战后的暴怒。

父母易怒，孩子会形成讨好型人格

父母暴怒情绪的发泄，对孩子产生的负面影响可能会伴随他的一生。

孩子很害怕和别人相处，总是很担心别人对自己发脾气，就会产生恐惧社交心理。这样的孩子比其他孩子早熟一些，会在别人面前伪装自己，导致自己很难向别人敞开心扉。虽然他们看起来懂事、成熟，反而不会爱自己。

孩子具有讨好型人格时，一看到其他人有情绪变化，他就会想是不是自己做错了什么，容易心口不一，刻意去讨好对方。

父母的情绪对孩子的影响很大。

要让孩子感受到尊重和爱

教育小课堂

"固执期"在儿童心理学上又称为"执拗敏感期"。孩子通常从2岁左右开始确立自我意识。

在2岁之前，绝大部分孩子都是遵照父母的意愿去做的。当孩子逐渐长大，会发现父母并不能满足他所有的意愿，于是就不再听从父母的指令，所以有了反抗父母、固执己见的表现。心理学家把孩子这个阶段出现的现象称为"执拗敏感期"。

初为父母，在没有学习如何教育孩子之前，谁也不知道到底应该如何教育孩子。父母教育孩子的经验一部分来源于自己原生家庭的教育环境，还有一部分是后天和亲朋好友之间交流习得，要在吸收和借鉴的基础上，形成自己的教育方式。

好好把握孩子成长的黄金 6 年

0~6 岁是孩子成长的黄金 6 年，父母双方要尽量做到亲自陪伴孩子，如果没有办法做到，也要其中一方陪伴在孩子身边。对这个阶段的孩子，再好的生活条件都没有父母陪伴在自己身边更为重要。只要父母把握住这重要的黄金 6 年，将会收获一个内心富足、自信优秀、未来可期的好孩子。

2 岁之前，孩子没有自我意识

在孩子 2 岁之前，他的自我意识并没有完全显现或者是完全形成，没有办法分辨自己的意愿和父母意愿的区别。当孩子进入 2 岁以后，他们身体的协调能力越来越强，这也导致孩子的思维方式发生了变化，开始表现出自己对某件事情的坚持。

2 岁之后，孩子开始有自我意识

我们常常听到这样一种说法——"可怕的 2 岁"，这是因为，2 岁以后，孩子会变得比以前固执。当然也有很多心理学家认为，这个阶段，孩子开始有自我意识了，不愿意按照父母的指令去做事情。这主要是因为，这个年龄段孩子的思维是"直线型"的，孩子在做事的时候，头脑中会形成预先的"设想"。也就是在做事之前，孩子的脑海中会有一个形象的假象，当父母按照自己的意愿指示孩子做事情，一旦这件事情和孩子脑海中的那个设想产生冲突时，孩子内心就会产生巨大的情绪。

孩子哭闹时父母要有原则地处理

3 岁左右的孩子，情绪变化大，父母会看到：在一些事情上，孩子稍微不如意，就会无理取闹，或者哭闹。当孩子出现这些情况时，父母要调整情绪，不论孩子怎么闹，都要保持冷静。比如，孩子要买和家里相同的玩具，父母认为没必要买。而孩子哭闹时，父母只需表达现在要回家，不要离开孩子，也不要吼叫孩子，只是回家。如果孩子回家后情绪还是无法稳定，把孩子带回他自己的房间，坐在孩子对面，看着他哭，或者是让他自己哭够了，再来找爸爸妈妈。一定要及时处理这个问题，不能过夜，更不能等事情过去好几天了才和孩子谈。

孩子哭闹是有深层原因的

3 岁左右的孩子之所以会如此，从心理根源上来分析，主要是因为这个年龄段的孩子开始有了强烈的自我意识，已经学会了和其他孩子去比较，开始喜欢竞争。他们觉得自己可以做主，想让事情按照自己的想法发展。

纠正想法时，避免对孩子心理造成伤害

上文中，越越坚持要学舞蹈，就是源于"直线型"思维方式。虽然我和越越爸爸刚开始和她讲道理，但她仍然认为我们并没有尊重她。直到后来老师和她沟通，又让她看到那些正在跳舞的姐姐确实比她大很多，才没有再坚持。在这个过程中，我和爸爸也给予了她足够的尊重，没有发火，也没有粗暴地阻止她，对她的心理没有产生任何的伤害。所以，她也没有极力反抗。

孩子"不听话"，父母要先调整自己

孩子在一些事情的表达、决定上，表现出"不听话"的时候，父母要先调整自己的情绪，学会正确表达，才会让孩子感受到父母是尊重他的。

父母学习了家庭教育，了解了这个年龄段孩子的心理，才能够改变自己对待孩子的方式，帮助孩子顺利度过这个阶段的逆反期，从而培养出优秀的孩子。

不要用自己的威严压制孩子

如果我们没有学习育儿知识，可能就会按照原生家庭中父母对待我们的方式来对待孩子，可能和孩子对着干，甚至用自己的威严来压制孩子，让孩子听自己的话，按照自己的方式去做。有些孩子在这样的教育方式下，长大后可能会成为施暴者，有些孩子却有了受害者的心态，表现出消极的态度，或者喜欢讨好别人。

父母也要自我成长

教育小课堂

孩子的成长过程，就是考验父母耐心和父母二次成长的过程。父母通过自我学习和成长，了解孩子的心理发展和成长特点，才能够更好地应对孩子的不同表现和逆反心理。

现在的孩子都很聪明，很会看父母的脸色行事。如果孩子为了达成某种要求而无理取闹，这个时候父母要坚持自己的原则，不要因为看孩子哭得伤心而妥协。因为父母一旦妥协，孩子就掌握了诀窍，下次碰到这种要求，还会采用同样的方法来达到目的。父母要记住一句话：可以疼爱孩子，但是不能溺爱孩子。

儿童敏感期，父母角色定位

在孩子的眼中，父母都有一个角色定位。比如，孩子会通过与父母的日常接触，把父母定位为像东海龙王（反派）或者舒克贝塔（朋友）这种电视剧或者是动画片中的人物。这些定位，是父母在家庭教育中的反馈。

★ 缺席的爸爸

我在咨询过程中，接触过很多家庭，不管是日常三餐，还是和学校的老师沟通，或者是人际交往、礼尚往来，都是妈妈们在承担。而且大部分孩子遇到问题，第一反应也是寻求妈妈的帮助，尤其是在孩子6岁之前，这样的情况在大部分家庭中较为常见。在孩子的心目当中，妈妈永远比爸爸更重要吗？

★ 6岁之前，爸爸的陪伴很重要

在孩子6岁之前，尤其是在不同阶段的儿童敏感期，爸爸对孩子的陪伴和教育是非常重要的。如果爸爸能把自己定位成孩子的大朋友，在生活上能够帮助孩子，在学习上能够指导孩子，亲切温和，孩子就会非常喜欢爸爸。但绝大部分爸爸并没有意识到自己对孩子健康成长的重要性，而只是承担了家庭经济来源的责任。

典型案例

爸爸去哪儿了

轩轩的爸爸是广东潮汕人，自己开了一家建筑公司，每天会有很多的应酬，所以从轩轩2岁开始，就很少见到爸爸。直到轩轩上小学二年级，因为基本上都是妈妈来学校参加家长会，所以同学嘲笑他没有爸爸。轩轩愤怒地向同学伸出了拳头，把两个男孩打伤进了医院。轩轩爸爸这才感觉到因为自己很少陪伴轩轩，导致轩轩越来越内向，而且内心很偏激。轩轩爸爸找我做了咨询，我和轩轩爸爸做了相关探讨。

因为在轩轩关键的敏感期，不仅缺少了爸爸的陪伴，更缺少了爸爸的关注。是爸爸忽略了孩子内心的发展和变化，导致轩轩内心变得偏激。

当轩轩爸爸看到轩轩的一些行为时，只会批评和指责。这也导致了轩轩的情绪一直处于压抑的状态，当同学提及轩轩没有爸爸的时候就激化了他的愤怒情绪。

⭐ 导致父母角色失衡的历史原因

父母角色失去平衡的现象到底是怎么形成的呢？其实，长期以来，我国女性传统角色定位，让很多爸爸认为教育孩子、照顾长辈，是妈妈应该做的事情。因为男性比女性更加勇猛和健壮，所以自古以来，家庭生活的搭配是男性在外捕猎、种田或工作，女性在家照顾家庭、抚养孩子。

⭐ 由于传统习惯，妈妈仍然是养育孩子的主力

虽然现在出现了女性能顶半边天的现象，但是受传统思想的影响，大部分男性在结婚后，通常会认为养育、照顾孩子是以女性为主的。无论是在语言上还是行为上，爸爸们都抱有这种想法。妈妈们也习惯性地帮助孩子去做生活当中一系列的事情，孩子也习惯性地依赖妈妈的照顾，导致爸爸在养育孩子的过程失去应有的角色担当。

⭐ 严父慈母会让孩子疏远爸爸

在中国式的家庭教育当中，父母分别扮演不同的角色，大部分孩子生活在父母双方一个慈爱，一个严厉的家庭教育环境之中，也就是父母一个唱"白脸"，一个唱"红脸"。一般情况下，爸爸会扮演严父的角色，遇到孩子调皮、不肯配合的时候，爸爸会要求孩子严格按照自己的指令去做；而妈妈在孩子眼中更多是以"慈爱、温柔"的形象出现的。这样的家庭结构导致孩子遇到任何事情，自然而然地会去找妈妈。时间长了，孩子和爸爸之间的关系就会逐渐疏远。

作为爸爸，如果不想错过孩子的敏感期，就应该承担起自己的责任，努力完善或者改变自己对孩子的教育方式。

⭐ 做孩子的朋友

在儿童敏感期，父母要让孩子感受到，自己是孩子的大朋友，以大朋友的身份参与孩子的生活和学习，让孩子倍感温暖，这是一个正确的角色定位。在孩子6岁之前这个阶段，敏感期比较集中。作为爸爸，应该多参与对孩子的教育，不要让自己的角色在家庭中失衡，否则会对孩子的一生都产生重大的影响。

> **温馨提示**
>
> 当代心理分析家鲁格·肇嘉在《父性》一书中指出：父性的缺失，是家庭的不幸，是妻子的忧愁，是孩子的悲伤，也是社会的抑郁。所以，作为爸爸，不仅仅是赚钱养家这么简单的角色定位，还应该成为孩子的伙伴和标杆。

⭐ 敏感期的引导比启蒙教育更重要

很多父母在学习儿童敏感期知识的时候，会因为自己错失了孩子启蒙教育很重要的阶段而感到自责。其实就算错失了孩子成长的敏感期，孩子也依然会按照生理规律和成长规律去成长、去学习。如果在儿童敏感期的每个阶段，父母能够成为孩子的大朋友，扮演好这个角色，正面引导，孩子的学习就会非常主动。当父母满足了孩子内心的需求，少批评和指责孩子，更多的是用正向的语言引导孩子，就会发现，孩子会更加主动做事、学习、探寻世界。

当父母错过了孩子非常重要的敏感期，再回过头想要去弥补，是不容易的事情。

● **0~6岁的孩子不能以好坏定义**

0~6岁的孩子会经常去做父母眼里的"坏行为"，这正是孩子各个敏感期的外化表现。

● **父母要起正面帮助的作用**

在儿童敏感期阶段，父母能够正面引导，对孩子以后的学习帮助很大。

● **好好把握敏感期**

当孩子处于敏感期，父母没有站在孩子的角度考虑问题，就会错失孩子成长的关键期。

⭐ 儿童敏感期，父母自我角色定位很重要

儿童敏感期，父母自我角色定位，是需要重点去学习的。

比如，对于3~4岁这个阶段的孩子，他们会主动拿笔在家里到处画，这是孩子美术启蒙非常重要的阶段。如果这个时候，父母做了正确引导，给孩子一面可以去画的墙或者是一个画板。每次孩子画完，父母都给予孩子更多的鼓励和赞美，让孩子感受到自己被父母关注，产生足够的成就感和价值感，这对孩子以后的美术学习能起到事半功倍的效果。

★ 父母在定位时，可以参考孩子和玩伴的相处模式

孩子需要的是安全感和尊重感。当孩子第一次在幼儿园玩滑梯时，他可能很害怕滑下去的那种冲击力会让自己摔跤。但当他看到同龄的小朋友滑了几次都没问题，也会自己试着去玩。有些孩子听到其他小朋友描述一件事情，就可以很快学会，并且还会给其他小朋友做示范。

当父母像孩子的小朋友一样，每天和他一起玩耍、学习，让孩子觉得学习新事物不是枯燥无味的，而是有趣的、快乐的，那孩子成长得会更好。我们赋予孩子的不仅仅是创造力，更是人生的巨大财富。

★ 父母可以参考幼儿园老师的定位

一个善于思考的孩子，不是天生的，而是父母和老师一同教育的结果。幼儿园的老师既是孩子的老师也是孩子的伙伴。所以，一个有爱心、有耐心的幼儿启蒙老师，会用启蒙教育为孩子开启一扇通往幸福的大门。作为孩子的父母，只有如同老师一样，大部分时间是作为孩子伙伴的角色，孩子才会拥有真正的幸福感。

★ 父母是孩子的一面镜子

俄国文学家托尔斯泰说："教育孩子的实质在于教育自己，而自我教育则是父母影响孩子最有力的方法。"孩子最初的言行都是从他的教育者那里模仿而来。孩子的教育者有可能是父母，也有可能是祖辈，所以在生活中，教育者就是孩子的一面镜子。要想孩子素质高，父母或祖辈要做到做事正直，为人诚恳，有自己做事的尺度，能够恪守底线，宽以待人，严于律己，以身作则，为孩子树立良好的榜样。

> **温馨提示**
>
> 面对不同的情况，父母要学会变通。别人的经验可以借鉴，但不能全盘复制，每个孩子是不一样的。在孩子成长过程中，父母只有不断完善自己，找到适合自己孩子的方法，才能培养出健康而富有幸福感的孩子。

抓住语言敏感期，培养孩子的表达能力

4~5岁是孩子语言发展的敏感期。孩子模仿成人说话的语言能力很强，在孩子语言发展的敏感期，父母如果能够采取科学的方式对孩子进行语言教育，这对孩子语言能力的培养事半功倍。

典型案例

吼叫会影响孩子的语言表达能力

那是2017年的一天，我见到了云溪。云溪是个4岁3个月大的男孩，他的父母都是很和善的人，但云溪从小就和父母生活在亲戚家，每天都会被亲戚大声吼叫。

云溪有多动症，除了睡觉的时间，其他时间没有一分钟能够停下来，即使被幼儿园老师要求直立站，他也无法做到。回到家里，除了玩他的玩具，基本上不和父母沟通，即使妈妈看着他的眼睛和他说话，他也不理，一直玩自己手里的玩具。有一次妈妈气得受不了了，就大声吼了云溪，孩子备受惊吓，但没有开口说话。因为云溪在这之前语言表达能力还是不错的，所以这件事并没有让云溪妈妈特别重视。直到2个月后，云溪妈妈开始紧张起来。当她和孩子坐在我面前的时候，云溪妈妈一边哭诉，一边自责。

抓住语言敏感期，有利于孩子学习能力的培养。

陪伴孩子要代入情绪

案例分析

大多数孩子天生就有交流的欲望，父母不教孩子语言，他也会通过各种各样的方式进行主动学习，以达到和其他人交流的目的。比如，孩子可能会自言自语、反复唠叨，这是孩子表达欲的一种体现。

实际上，云溪的生活环境已经阻碍了他语言敏感期内的语言发展。加上云溪妈妈的行为对孩子造成过度惊吓，导致云溪出现暂时自闭的症状，放弃了和父母沟通。在遇到这种情况时，父母要承认并接纳孩子的情绪。我建议云溪妈妈不管云溪表现如何，都要做出一切努力来亲近孩子。孩子感兴趣的东西，妈妈温柔地递过去；孩子表现出暴躁的时候，妈妈耐心地安抚；孩子眼睛所看之处，妈妈都会追随过去……

虽然云溪妈妈努力了半个月，但孩子依然没有太大的变化。

我和云溪妈妈说："因为你寄人篱下的生活，导致你失去了自我，你所做的事情没有任何的情绪，孩子捕捉不到你的情绪变化，所以你努力表现出来的情感经营都是苍白无力的。"

云溪妈妈恍然大悟，在这之后，她做了调整。有一天，妈妈递给云溪一个玩具，云溪对妈妈轻轻一笑，这让云溪妈妈找到了突破口。随着时间的推移，云溪能够不断地和妈妈进行情绪的互动，云溪妈妈也逐渐放松了以前那种焦虑紧张的情绪。妈妈和云溪也开始了沟通和交流，再通过拥抱彼此，逐渐开始了语言的交流。

这样的疗愈持续了近4个月的时间，孩子慢慢恢复了和父母语言上的沟通。1年后云溪妈妈反馈说她的收获不仅是孩子语言能力的恢复，还真正意识到了在孩子成长的每个阶段，父母应该做哪些正确的引导和教育方式。

学习能力是在整个儿童敏感期培养的

父母如果能够把握住孩子语言快速发展的阶段，加以引导，既可以培养孩子的语言表达能力，同时也可以培养孩子的逻辑思维能力和想象力。比如，在晚上睡觉前给孩子讲故事。等到孩子3岁以后，可以引导孩子续编童话故事。学习能力不是等到孩子上了小学以后才去开始培养的，而是在整个儿童敏感期都要着手去做的。

语言是孩子最早的收获之一

越越2岁就到幼儿园上"小小班"了，她上的小小班不是那种亲子园，而是和三四岁的孩子每天玩在一起。三四岁的孩子正处于语言爆发期，这对越越语言发展起到了提速的作用。教育专家蒙台梭利说："语言是孩子最早的收获之一，且将成为他未来进步与发展中最大的助力。"所以越越4岁的时候就成为幼儿园里的小主持人，很受老师和小朋友的喜欢。

不要错过语言敏感期

语言学家乔姆斯基这样说道："儿童天生拥有一种语言习得装置，学习语言的能力在他生命的第一年就表现出来了。"孩子的一生只有这一次如黄金般珍贵的语言敏感期，如果父母能够按照孩子的天性发展，顺其自然地去引导，那么孩子的语言表达能力也会很强的。如果这个语言的黄金阶段被父母忽略和错过了，就会给他未来的语言能力发展造成不可弥补的损失。

拥有良好的语言表达能力是孩子的必备能力

其实，我们培养越越语言表达能力的方式是比较常见的，只是顺其自然地把握了孩子语言敏感期，给予了孩子正确的引导而已。戴尔·卡耐基说："当今社会，一个人的成功仅有15%取决于技术知识，而其余85%则取决于人际关系及有效说话等软本领。"这也就意味着，父母希望孩子在未来社会中获得良好的发展，拥有良好的语言表达能力是孩子必备的。

语言敏感期更需要心灵的沟通

在儿童语言敏感期内，父母不能只重视语言的发展，更重要的是心灵的沟通，创造一个良好健康的家庭氛围，帮助孩子每个阶段的成长。父母也能随之进行"二次成长"，在教育孩子的路上把握好方向盘。

第二章
影响孩子一生的习惯培养

有句老话叫："少成若天性，习惯成自然。"意思是说，人在年少时养成的习惯会变成后天的习性，以至于长大之后变得自然而然，很难改变。很多父母也很重视孩子好习惯的培养，但当孩子成年后，仍然会发现孩子的习惯并不好，这是由于在孩子成长的过程中，很多细节没有被注意到，而且当孩子养成坏习惯后，父母在帮助孩子纠正和调整的过程中，可能也出现了很多失误。

影响孩子一生的好习惯

"习惯决定性格，性格决定命运。"这样的语句，很多父母已经听了无数遍，成功人士在演讲当中也不断地提到：良好的心态、习惯、性格是成功人生的三大法宝。

> "播下一个行动，收获一种习惯；播下一种习惯，收获一种性格；播下一种性格，收获一种命运。"
>
> ——威廉·詹姆士

培养习惯尽量从孩子出生时就开始

习惯的培养是从孩子出生那一刻就要开始的，并且要注意培养过程中的很多细节，才能养出良好的习惯。孩子好习惯的养成除了要做到细致入微，关键的是坚持。我相信关于这一点是每个父母都会认同的道理。

为了越越有良好的睡眠习惯，在越越很小的时候，每天临睡前喂完奶后，我们就把她放到小床上去睡觉。因为我也见到自己很多朋友的孩子七八岁都不肯和父母分床睡，一分床孩子就哭闹，父母最后不得不放弃。我们选择这样做，就是让孩子养成自己睡的好习惯，等孩子长大就会很自然地分床分房睡了。所以从孩子一出生就开始养成好习惯是比较容易的事情。

4岁以前是孩子良好习惯养成的黄金阶段

孩子良好习惯的养成，对每位父母来说都是一项大工程，因为这个工程对孩子的一生来说，是很重要的事情。万丈高楼平地起是因为地基打得足够牢固，我们希望孩子长成参天大树，首先树根扎进土壤要足够深、足够牢固，而孩子的好习惯，就是牢固的树根和地基。有教育学家建议：4岁以前是孩子良好习惯养成的黄金阶段。中国有句俗话叫"3岁看大，7岁看老"，其中所说的"3岁看大"指的就是在3岁前养成孩子良好的生活习惯和行为习惯。

让孩子拥有良好的习惯，做好这6步

当孩子上了小学以后，在学习上会出现一些问题，比如，写作业拖沓、不知道怎么预习和复习等。针对这些问题应该如何培养学习习惯呢？

第一，定目标。

这一步的重点是跟孩子一起定目标，听听他的想法，根据他的目标一起商量。

第二，把总目标分解成小目标。

比如，孩子想达成一次跳200下跳绳的成绩，那么每天练习多长时间？或者父母希望孩子养成阅读的习惯，那么每天阅读哪些书？读多长时间？读多少页？定好了小目标之后，可以让孩子自己写，或者画一个每日计划表，把这个计划表贴在墙上，或者放在他的书桌上。

第三，父母和孩子每天执行好已定计划。

这里面有一个要点希望大家注意，有的时候孩子可能会很贪心，定出很多小目标，但是一天内未必能够完成。这时，父母可以先肯定他对自己的严格要求，然后再给出建议，只要选其中重要的三四条完成就可以了。

第四，每当孩子完成一个小目标，父母一定要给予及时的鼓励。

鼓励可以是物质上的，也可以是精神上的。比如，一个小印章或者是一个大大的拥抱。其实对孩子来说，小小的鼓励也能够让他建立很强的自信和满足感，我们就可以借此把孩子做得好的地方固化成好的习惯。

第五，每天复盘当天的计划。

每天在晚上睡觉之前，拿着计划表和孩子一起复盘当天完成了哪些、哪些完成得好、哪些完成得不好、没有完成的是为什么，这样就会给孩子做一个清晰的梳理，以后列计划也可以有所改善。

第六，让孩子坚持自己的计划。

在生活中常常会有一些事情会打乱计划，这是需要克服的，我们要做的是坚持。在孩子失去信心，或者不想再坚持的情况下，我们需要多多鼓励他，并耐心引导他坚持下去。

利用好假期，培养孩子良好的习惯

每年的寒假、暑假，父母可以按照我给出的一些建议去做。这些建议都是很多父母实践过的、行之有效的方法。

第一，做事情前先做好规划。

凡事做好清晰的规划，让孩子对自己的行为有清楚的预期和规划，孩子可能会因为这个受益终身。

第二，坚持良好、规律的作息习惯。

我们都知道孩子正在长身体，其实大脑的发育跟睡眠也有很大关系。如果我们在做计划的时候，把具体几点睡觉、几点起床也放在这个计划里面，早睡早起，就会帮孩子养成一个良好的作息习惯。

第三，坚持体能锻炼。

当孩子不能经常出门的时候，在家里面也有很多事情可以做。像我家孩子经常在家里面练跳舞，不仅有利于身体健康，也会让孩子更加有毅力。父母可以每天保证孩子运动 30 分钟，做一些力所能及的锻炼。

第四，坚持阅读。

在孩子 5 岁之前，重要的是习惯的养成，毅力和坚持从小就要开始锻炼，比如坚持每天读书。阅读习惯对孩子来说真的是一个非常好的习惯。我的建议是中文和英文每天都读一部分。孩子在阅读中其实是有很多收获的。比如，英语阅读可以加强孩子的语感，培养更好的语音、语调，包括对文章的理解能力和想象力。

第五，制订学习计划。

已经上小学的孩子就可以分别做预习和复习的学习计划，这样不但不会把以前学到的知识丢弃，反而巩固得更好。在执行学习计划的时候，一定要为孩子营造安静的学习环境，不要不停地用喝水、吃饭去打断他，这样会在无形中破坏孩子的专注力。

第六，培养孩子做家务。

对于不同年龄段的孩子布置不同的家务。3 岁以上的孩子可以引导他收拾玩具，4~5 岁的孩子就可以简单地布置拖地、收拾碗筷这样的家务，6 岁以上的孩子就可以参与洗碗、擦地、洗袜子等家务。虽然家务简单，但可以让孩子在这个过程中明确知道自己是家庭中一个重要的成员，应承担起自己的责任。

在养成好习惯的过程中，父母还要记住 3 点

孩子好习惯的养成一定是自愿主动的，这样好习惯才能一直保持下去。关于培养好习惯，父母还要注意以下 3 个方面。

第一，达成每日计划不重要，培养孩子做计划和完成计划的习惯才重要。

如果每天的计划不能全部完成，也不要批评，要以鼓励为主，并帮孩子分析如何制订计划和如何执行计划是更合理的，让孩子不断进步，在挫败中找到成功的诀窍。

第二，一定要注重培养孩子的自我驱动力。

计划应该是孩子自己主动完成的，不能是父母强迫孩子完成的，所以一定要注意共同协商并及时鼓励。父母每天也可以坚持做一些事情，比如，陪伴孩子的时候，要坚持阅读、坚持练字等，让孩子看到父母的坚持。在言传身教之间，孩子更容易养成坚持做计划的好习惯。

第三，可以在家里安一个监控器。

越越上小学四年级的时候，我们就在家里装了一个监控器，这个情况孩子也是知道的。因为孩子一个人在家里，我们在上班，会担心孩子的安全。孩子知道父母是能够看到自己在家里做什么，就不会轻易跑出去玩，而且也会规范自己的行为，每天都会按照我们事先制订好的阅读和学习计划去做，这样计划才能够执行下去。

性格影响命运

"性格"一词来源于希腊语，我们每个人在日常生活中的态度及行为表现都可以反映出我们自身的性格特征。优良的性格品质可以造就崇高的理想和高尚的品德，也是事业成功的保证。性格影响命运，我们应该对自己的性格有一个全面、清醒的认识。

人人都是命运的建筑师

人人都是命运的建筑师。每个建筑师设计出来的人生之路都是不尽相同的，即使是双胞胎，有相同的父母和教育，他们仍然可能会有截然不同的人生命运，这就是生活习惯及细节不尽相同导致的。

引导孩子建立时间观念

时间，对孩子来说，是很抽象并无法感知的。所以教会孩子时间管理不是一件容易的事情。首先要通过感知时间、认识钟表做好时间规划，从而建立时间观念，然后让孩子逐步获得时间管理的能力。

典型案例 ❶

晚睡更容易导致孩子入园困难

小英上幼儿园已经半年多了，但是几乎每天上幼儿园之前都要哭上20分钟，小英父母为此特别苦恼。小英3岁前，一直都是爷爷奶奶带，之前还好，一上幼儿园就出现很多的问题：早晨孩子一般睡到8点多才起床，上幼儿园8点就得到校了；孩子吃不惯幼儿园的午餐，为此在幼儿园和老师闹别扭。

放了一个寒假，再送小英上幼儿园就变得更加困难了。上了不到10天，只要一到幼儿园门口，孩子就尿裤子。小英的家长完全崩溃了，不知道应该怎么办，孩子即使每天待在家里，情绪也十分不稳定。

★ 要在上幼儿园之前培养孩子的时间意识

孩子没有时间意识这件事情，不到孩子上幼儿园的阶段，很多父母基本上认识不到它的重要性。还有很多孩子并不是由父母亲自抚育和引导的，比如父母工作忙，很多孩子由爷爷奶奶或者外公外婆来照顾，导致孩子时间观念更差。

★ 建立时间观念要趁早

小英的这种情况，刚上幼儿园比较常见。当然每个父母对这种问题的处理方式各不一样，也就导致了不同的结果。其实大部分孩子到了小学阶段，写作业拖拉磨蹭，有拖延症，并不完全因为孩子注意力不够集中导致的。注意力不集中只是其中的一个因素而已，更多的原因在于，在孩子3岁之前，没有给孩子建立良好的时间观念。

典型案例 ❷

在电梯里吃饭的孙子

有一次,我看到一个老人拿着碗在电梯里喂孩子吃饭,孩子看上去2岁多的样子。我就问老人怎么不让孩子在家里吃,老人说她孙子觉得电梯特别好玩,一吃饭就要来电梯。老人没办法只能答应,而且一顿饭要吃上1个多小时。

★ 教育要有底线

试想一下,案例中的孩子上幼儿园的时候会发生什么样的情况呢?是不是只要一去幼儿园就会哭闹?在幼儿园吃饭的时候会吵闹着要找电梯?没有底线的教育就是没有教育。在孩子6岁之前的教育是很重要的,重要到会影响他的一生。

- 时间观念越早建立越好
  婴幼儿时期的好习惯对未来有帮助。

- 人是可以被习惯塑造的
  随性的时间安排,孩子每天的生活就没有规律性可言,孩子的时间观念就无法建立。

- 要重视时间观念的教育
  不趁早建立时间观念可能有写作业拖延、注意力不集中等后果。

★ 父母不要当孩子专注力的破坏者

很多孩子在上小学之前没有提前学习或者父母没有对孩子进行幼小衔接教育,所以识字量是不够的。对于识字量不够的孩子来说,刚上小学的时候,写作业是需要父母帮助孩子读题的。在此我建议孩子还没有上小学的父母,最好让孩子的常用识字量在上小学之前达到700~800个。否则,当孩子写作业的时候,父母坐在孩子旁边是会破坏孩子的专注力和时间观念的。当我们看到孩子坐姿不正确,或者孩子写错字,或者孩子做了其他事情的时候,大部分父母是无法控制自己的情绪的,会不由自主地去纠正孩子,其实这就是破坏孩子时间观念和时间管理的元凶。

★ 老人带孩子更要注意时间观念的培养

老人带孩子,会让孩子更加没有时间观念。因为老人一般都退休了,每天没有时间上的安排,做事是比较随意的,什么时间带孩子出去玩,什么时间安排孩子睡觉,睡多长时间,老人没有严格的时间规划,所以都是随意安排的。

温馨提示

一个孩子如果从婴儿期开始,每天的生活和学习都是有节奏、有规划和有安排的,孩子的时间观念自然就强很多。当孩子进入小学以后,实际上是不需要父母去操心孩子的学习和每天的作业安排的。父母只要做到不影响孩子的学习,做好榜样即可。

在孩子小的时候就建立时间观念

在越越婴儿期的时候，我们会经常带越越在小区里逛，基本上是每天早晨7点半左右出去，9点钟回来，这就是1.5个小时的时间。每天出去都会带上一个早教机，里面有故事，有音乐，也有儿歌。我会有选择性地每半小时换一个内容，换之前我都会和孩子说："我们现在听儿歌啦！"9点钟回到家以后也会和孩子说："现在9点钟了，我们出去1.5个小时了，喝奶的时间到了。"所以越越的时间观念养成是从婴儿期就开始了。可能很多父母会认为：几个月大的孩子什么都不懂，就是吃和睡，做这么细的时间管理是不是太早了？其实时间观念越早养成越好。

趁早给孩子建立时间观念好处多

仍然记得越越上小学的第一天，我6点多起来上厕所，一扭头看到越越坐在客厅的沙发上。她一看见我就问："妈妈，我几点去学校啊？""7点半之前到学校就可以了，你怎么起这么早？"从我家到学校，走路10分钟就到了。"我不能迟到呀，所以我6点就起床了。"我马上赞美了孩子，并且和她一起定了每天的起床时间。

放学回到家后，越越就开始收拾桌子写作业，没过多久就写完了。其实越越的注意力是不太集中的，是感觉统合失调的问题导致的。但从越越2岁开始，我们一直在做这方面的调整。到越越上小学以后，这种情况已经好很多了。

教会孩子自主写作业

越越上小学之前识字量已经达到了1 500多个，所以基本上不用我给她读题。如果确实需要读题，我就一次性把每道题各读3遍再走开，等她需要我的时候，自然会叫我去她房间。这样做，她写作业的时间就不会被我耽搁，基本上可以按照每天她自己事先安排好的时间来完成各科作业。所以从越越上小学一年级开始，就从来没有出现过写作业拖拉磨蹭的问题。

第二章 影响孩子一生的习惯培养

典型案例 4

当孩子的规律被打乱

我和我父亲对越越的教育交接大约有3个月的时间，期间也遇到过各种各样的问题。

我父亲没有时间观念。除了下雨天，越越每天都会和外公一起出去几次，下楼买菜、去小公园。外公出去聚会都会带着越越一起，基本上把我以前给越越培养好的生活规律全都打乱了。比如，下午3点孩子还在睡觉，晚上10点孩子还在玩玩具。

后来，我和父亲一起做调整，把时间表贴在冰箱上，让父亲每天按照时间表去安排他和孩子要做的事。刚开始的时候，父亲也是不适应的。所以我经常和父亲一起聊孩子的教育问题，让他明白时间观念和时间管理对一个孩子的重要性。父亲慢慢就接受了我的时间安排，孩子的生活习惯也慢慢回到正轨。

温馨提示

老人帮我们带孩子，建立时间观念并没有那么难，关键在于我们是否有耐心，是否明白老人的想法。隔代教育隔代亲，老人更希望孙子孙女长大比自己的儿女有出息，只要我们能把握好和老人沟通的方式，他们一样能做得很好。

★ 父母要适当放手

也许会有父母说："我的孩子现在上小学三年级了，做什么事情都需要我去催，我催一下他动一下，不催就不动。"对于这样的孩子，做父母的要思考一下，孩子有这样的情况，原因究竟是什么？是不是父母做得太多，导致孩子自己没有办法安排时间去做他想要做的事情？或者在孩子3岁之前，在做事或者玩的时间方面基本没有被规划和安排？又或者有些孩子的动作稍微慢一些，父母认为孩子要跟上自己的节奏，习惯性地去催促孩子，而孩子内心一直都是非常抗拒的？这些原因都会导致孩子在上学以后出现拖拉磨蹭的问题以及没有时间意识。

关于如何做时间管理这个问题，我会在后面的章节中做详细讲解，希望能让家长有所收获。

- **时间安排交给孩子**

  父母做得太多，孩子自己没有去安排过一件自己的事情，这对时间管理很不利。

- **多和老人做沟通**

  时间方面的安排或者变动，和老人一起做调整。

- **可以把时间表打印出来贴在明显的位置**

  方便老人带着孩子执行，让老人习惯时间安排。

培养时间管理能力要趁早

孩子时间管理的建立不像我们成年人那么容易。即使是成年人也很难做好自己的时间管理。所以，在培养孩子时间观念以及如何做时间管理方面，父母只有既有耐心又有方法，才能够培养一个自律的孩子。

动画片的时间短是在配合孩子的注意力

时间，看不到、摸不着，要控制好确实是一件不容易的事情。尤其是在孩子的幼儿时期，做好时间管理是非常不容易的事情。

以动画片为例。很多小朋友在幼儿时期都特别喜欢看动画片。学龄前的小朋友，专注力一般能维持5分钟，动画片每集的时长设定为5分钟，能够最大限度地保证孩子集中注意力。如果父母了解到这一点，对孩子看动画片的时间是比较容易控制的，可以和孩子约定看动画片的集数，这样就可以很好地做好时间管理了。

时间管理要设置底线

可能很多父母感觉这很难，孩子看不够就会又哭又闹。对于初为父母者来说，绝大部分人还没有意识到这对孩子后面的学习会产生怎样的影响，所以也从未设置过自己的底线，大部分父母在孩子哭闹时选择了放弃，任由孩子去看。

当孩子上了小学以后，对那些在幼儿园阶段没有识字，以及对学习和时间没有意识的孩子来说，小学一年级的学习和写作业的时间规划就是一个很大的挑战。

借用钟表引导孩子建立时间观念

孩子在4岁以后，就能够认识钟表了。当孩子会认钟表后，我们可以从生活入手，引导孩子注意时间和自己所做事情的联系，就能逐渐帮孩子建立时间观念。

当父母带孩子出去玩的时候，可以和孩子说："你看那个时针和分针，现在是下午4点钟，我们出去玩1个小时，这个短一点的时针指到5，我们就回来。"

在孩子3岁以后,只要父母稍微有意识培养孩子的时间观念,孩子都会逐渐接受时间的概念,具体效果和父母所采取的方法有关。

培养时间意识从孩子感兴趣的事情入手

成人能够体会到时间的快速流逝,但是孩子对此可能没有任何感知。只要把孩子生活当中各种各样的事情和时间联系在一起,并且不断累积,孩子就能够逐渐树立时间意识了。

每天坚持对孩子的时间做规划,你会发现一两个月之后,孩子就会拥有相关的时间记忆了,因为这些时间和他每天一定要去做的这些事情是紧密联系的。

当然,如果我们能从孩子感兴趣的事情入手,那就会更好地培养孩子的时间意识。比如,约定看动画片的集数。

沙漏培养孩子的时间意识 典型案例①

在越越幼儿园阶段,为了让她体会读绘本的速度是快还是慢,我买了一个15分钟的沙漏,给越越做倒计时。每天早晚刷牙洗脸,我们也会用调闹钟的方式,让她能够在规定的时间内完成。即使越越偶尔做事超出了固定时间也无妨,适当延长个一两分钟。这一两分钟,我们用倒计时的方式来告诉越越,时间是怎么流逝的,这样她就有了时间意识。

典型案例 ❷

磨蹭的小孩

云朵是一个8岁的小女孩，已经上二年级了。每天放学后5点开始写作业，经常写到9点多才能写完。为此，云朵的妈妈特别苦恼和焦虑，因为同班级的孩子一般都是在8点钟之前，甚至有很多孩子是在7点前就完成当天的全部作业了，云朵一直都是同学圈中写作业比较慢的孩子。云朵妈妈说，云朵从小到大基本上是自己带的，尤其是3岁之前，为了孩子能有良好的习惯和性格，她一直没有去上班，基本上在家陪伴孩子。但是云朵妈妈本身自己就没有时间意识，造成云朵的起居和日常活动随机且无序。

在云朵上了幼儿园以后，妈妈也没有让她严格遵守幼儿园的上下学时间，直到上了小学才开始忽然遵守时间。这就直接导致云朵上了小学以后，感觉做事情处处受到父母的限制，而且云朵妈妈经常用时间来要求云朵，因此云朵对妈妈的要求极其反感。

实践出真知

孩子没有时间观念的时候，父母一味地催促或者一味地强调，无法让孩子感受到时间流逝得有多快，更加没办法让孩子按照我们所安排的时间去做事情。"实践出真知"，只有让孩子去亲身体验，他遵守时间后，遇事不慌乱，安排得井然有序，感到身心愉悦。这样的认知才能让孩子感觉自己也是一个可以掌控时间的人，不需要父母一再催促同样能把事情做好，而且还能得到来自父母的肯定和认可。

父母做好时间管理榜样

孩子都是以父母为榜样的，父母把自己的生活、工作安排得井然有序，不浪费时间，而且还能充分利用一些碎片化的时间来做事。如果父母能做好榜样，不催促孩子，遇到孩子做得慢的时候，多一点等待，孩子慢慢也会和父母一样拥有时间观念。相反，如果父母没有时间观念，做事随意，孩子同样也会如此。

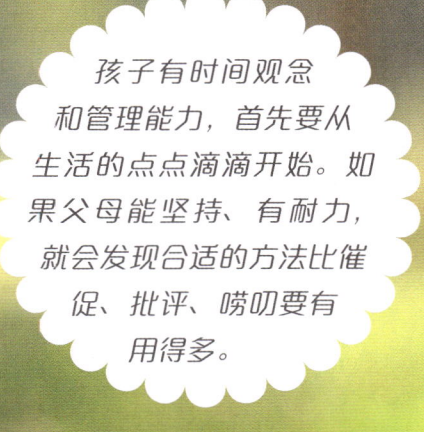

孩子有时间观念和管理能力，首先要从生活的点点滴滴开始。如果父母能坚持、有耐力，就会发现合适的方法比催促、批评、唠叨要有用得多。

由孩子来定时间

我们家吃晚饭的时间是 30 分钟内吃完。在越越 4 岁以后，我们一家人基本上都保持这样的节奏。晚饭后读绘本的时间由越越来定，她定好时间，如果是 15 分钟以内，我们就把沙漏拿过来用；如果超过 20 分钟，我们就定个闹钟；如果她说玩 15 分钟游戏，我们也会利用沙漏来定时。这样做的目的就是让孩子有时间管理意识。

记得有一次，姐姐带越越去小区玩沙子，出门前定的是 30 分钟就回来，等回到家还晚了 10 分钟。我就问："为什么没有在规定的时间内回来呀？"越越低着头，小声嘀咕着："沙子好玩，我多玩了 10 分钟。"我马上就笑了："你怎么知道多玩了 10 分钟啊？""我感觉应该是，也问了姐姐。"随后，在我的引导下，越越少看了 10 分钟动画片。

这个案例充分说明了合适的教育方式远比唠叨、指责来得更加有效果。

学习习惯在启蒙教育中培养

启蒙教育的重要性不用赘述。今天再次讲到学习习惯，也是为了让更多的父母知道，一个上小学写作业拖拉磨蹭，一学习就深感痛苦的孩子，是因为在孩子的启蒙阶段，没有任何学习习惯的培养。

孩子学习困难是普遍现象

一提到孩子的学习，无数父母都感到头痛。孩子在学习方面各种各样的问题，困扰着每一位父母。这主要是因为在孩子比较小的时候，大部分父母并没有刻意地去培养孩子的生活习惯和学习习惯。尤其是爷爷奶奶带大的孩子，对于孩子习惯的养成，他们认为不重要，觉得孩子小的时候能吃饱穿暖就行。

孩子学习困难的原因

虽然社会意识形态和文明在进步，但是大部分老人的思想仍然停留在他们那个时代。所以我一直强调，孩子尽量自己带，尤其是在孩子3岁之前。但很多家庭的现状确实没有办法夫妻两人亲自带孩子，即便可以亲自带，如果他们从来没有学习过家庭教育知识，对孩子的教育，就会回到原生家庭的状态当中，这就是众多教育问题没有办法得到改善的真相和实际原因。

幼儿时期不能只重视兴趣培养

很多父母是在孩子上了小学以后，才开始着手对孩子进行学习习惯培养的，这样就会导致有些孩子上了小学以后，上课的时候没有学习状态，回家写作业也磨磨蹭蹭，所以就会有"一写作业鸡飞狗跳，不写作业母慈子孝"的状况出现。看各大互联网平台上发的父母陪孩子写作业的短视频，就如同看见自己家的孩子一样。当然，并不是不让父母重视孩子兴趣的培养，幼儿时期，对孩子兴趣的培养也是非常重要的，比如，美术、音乐等都是在为孩子的未来打基础，但千万不能因此而忽略孩子学习习惯的培养。

- 培养学习习惯不是学具体知识

    学习习惯不是背几首唐诗，更不是说一串流利的英语，而是良好的学习规律和学习态度的养成。

- 好的开端和正确的方法对习惯培养很重要

    做任何事情，如果有一个良好的开端和方式，那么执行起来并不难。孩子的学习同样如此。

- 从婴儿期就做好规划

    每天都能够和孩子确认时间，孩子长大以后自然就会有时间观念。

熏陶的力量

父母要从婴儿期就为孩子做好规划，每天带孩子出门遛弯、晒太阳、见朋友。特定的时间内完成特定的事情，不管孩子懂与不懂，要告知孩子。时间久了，这些观念自然会留在孩子的脑海中。比如，可以多带孩子去艺术展馆游览，培养孩子对于艺术的感知力；或者经常带着孩子出去旅游，增长他的见识。

培养良好的学习习惯有助于养成学习意识

父母不要自认为婴儿不懂，没有时间观念。如果每天都能够和孩子去确认时间，孩子长大以后自然就会有时间观念。学习习惯的培养亦是如此。

学习习惯尽量从孩子婴儿期开始培养。比如，每天在固定时间给孩子读绘本；或者，孩子会爬了以后，在一个时间段内，把绘本放在孩子能够伸手拿到的地方，让他自己爬过去翻绘本，这都是学习习惯的养成。

培养习惯贵在坚持

对于10岁左右的孩子，在培养习惯的过程中，父母底线的准绳一定不能松懈。有的时候孩子会感觉累，或者觉得坚持这么久，自己已经能够做到了，父母还这么严格，自己受不了，等等。这个时候，父母要有耐心地和孩子沟通并做好引导，让孩子自己主动坚持做到。

> **温馨提示**
>
> 对于成年人来说，做到坚持都很难，更何况是孩子。在孩子习惯养成的前期，不仅需要父母的耐心引导，更需要父母的鼓励和赞美。

被宠大的孩子和用大的孩子

俗话说："慈母多败儿。"如果没有前提条件，这句话是不符合教育规律的。无原则的严母也许会培养出一个一生都讨好他人、没有自我的人；有原则的慈母则能培养出优秀的孩子。一个优秀的孩子，责任心是必备的品格。优秀的孩子都是用出来的。

典型案例

被宠大的孩子

俞斌小时候父母能够陪伴的时间很少。爸爸加班是常态，回到家里总是喊累，要么睡觉，要么玩电脑游戏。即使到了周末，一家人也很少能一起出去玩。所以经常照顾俞斌的是他的爷爷奶奶。

当他学会走路以后，爷爷奶奶几乎每天都盯得很紧，生怕孩子磕到碰到了，孩子摔倒了马上冲过去扶起来；孩子出去坐滑滑梯，爷爷在上面保护，奶奶在下面接着；俞斌3岁了，还是奶奶追着喂饭吃。因为孩子有老人照顾，家里的大小事情也没有需要俞斌父母操心的地方，他们两个人的工作也是比较顺利的，家里基本上没有什么矛盾，大家看到的是一个和谐幸福的家庭。

转眼俞斌大学毕业，也步入了婚姻的殿堂，第二年两人有了孩子。可有了孩子的俞斌却什么都不管。

俞斌的女儿快1岁的时候，有一天晚上孩子高热不退，俞斌在外面陪客户吃饭，妻子给俞斌打电话，让他马上回家陪她带孩子去医院，结果俞斌说今天晚上这个客户特别重要，要陪到客户回酒店他才能回家。俞斌妻子在带孩子去医院的出租车上哭了一路。这件事情过后，虽然俞斌也和妻子道歉了，但俞斌的妻子感觉这段婚姻已经走到了尽头。很快，一张离婚协议递到了俞斌的手里，俞斌无论如何都不相信，和自己谈了6年恋爱，如今已经结婚生子的妻子，为什么无论如何都要和自己离婚。

被用大的孩子

俞斌妻子有一个哥哥，和俞斌完全不一样。她的哥哥从很小就开始做家务，因为父母工作忙，爷爷奶奶也去世得早，家里条件刚开始不是很好，所以家里的很多事情都是哥哥来做。从她上小学到初中，9年的时间里，虽然学校离家不远，每天上学放学，都是哥哥接送。有的时候放学碰到下雨天，哥哥都让她在学校等着，他淋着雨回家去拿伞、拿雨衣给她。而且别人求他帮忙，他从来都是有求必应。

现在哥哥结婚成家，也有自己的孩子，嫂子和孩子都备受宠爱，哥哥舍不得嫂子干一点活，什么事都抢着干，现在家庭幸福美满。

这也让我想起来，在我小时候，在家里做得最多的，并不是我，而是弟弟。弟弟从3岁开始就帮着爷爷奶奶抬米抬面，偶尔还会帮着运煤球，3岁的孩子虽然力气小，但做起事情来还是很认真的。有一次刷碗，他弄碎了一只碗，他以为奶奶会骂他，结果奶奶不但没骂他，还表扬了他。从小到大，弟弟给我最大的感受就是非常有责任心，而且很爱家。

婚姻问题竟然与童年经历有关

在俞斌婚姻出现问题的时候，爸爸们有没有思考一下原因，回想一下，你的人生经历是怎样的呢？你小的时候做过家务吗？你承担过家里的责任吗？在你的童年生活里，参与过家里大小事情的决定吗？

结婚和恋爱的天壤之别

恋爱中，我们经常看见有一些男人似乎要把女朋友宠上天，要什么给买什么；女朋友想要吃什么，就是凌晨也能冲到楼下去给女朋友买；女朋友说要回家看父母，男人将自己打扮得如同绅士一样出现在未来岳父岳母的面前……

婚姻中，尤其是有了孩子以后，我们听到更多的是妈妈的不容易，大部分爸爸似乎成了隐形人，孩子妈妈说要回娘家看看，而爸爸总有加不完的班，总有陪不玩的客户；无论是做家务、带孩子，还是教育孩子，大部分爸爸都是撒手不管，全部交给孩子妈妈去做。

原生家庭的影响

为什么会出现这种情况呢？因为错误的教育方式。

在原生家庭当中，孩子能感受到爸爸对待妈妈的方式。如果爸爸只是赚钱养家，回家什么都不做，男孩看到爸爸的行为就会认为，这就是男性在家庭当中该有的样子。很多女性在婚后说自己的另一半特别懒，当然不是男性天生就懒，每个人都有惰性，女性也会有。如果男性已经懒到不想做饭，不想做家务，女性再不去做这些事情，就没有人做；有了孩子也是如此，女性会更在乎孩子的身体和感受，即使很累也不得不去做。

好孩子是用出来的

一个男孩，如果从他3岁开始，父母就让他去承担一定的家务，做一些事情，能够在思想意识方面拿男孩当作大人一样对待，这个男孩长大以后，就会有担当，不懒惰，不管是否成家，他都会表现得很勤快。种什么样的种子，长什么样的苗，结什么样的果。幸福是栽种出来的，而不是凭空得来的。勤快、懂得尊重女性和勇于承担责任的男性是教育出来的，是用出来的。

家庭成员要一起承担家庭任务

很多爸爸，一回到家里就躺在沙发上刷手机、看电视、玩游戏……仿佛家里发生的一切都和他无关。妈妈看到这一幕会有什么样的感受？

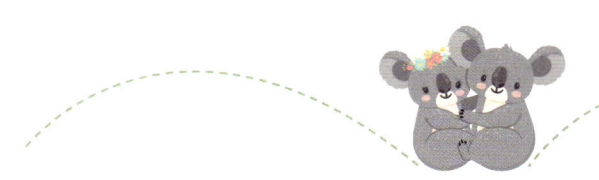

孩子也要承担家务

每个孩子都是家里的一分子，都要承担他应该承担的那部分责任。刚开始的时候，孩子可能做得不够好，但是每次做完一件事的时候，父母都应该给予孩子充分鼓励和奖励："爸爸拥抱一下，你真是家里的小帮手！"父母再告诉孩子怎么才能做得更好。当孩子能够熟练掌握自己所做的事情后，一定会越做越好，并且越来越勤快。

孩子做得不好，不要吼叫、指责

我到现在仍然记得奶奶教我怎么分辨芹菜的好坏，怎么把芹菜叶子摘掉。我第一次刷碗的时候，刷完碗，碗还是油腻腻的，而且满地都是水。奶奶并没有责怪我，而是告诉我具体做法，边说边示范，然后我就学会了。

但是很多父母在孩子事情做得不好的时候，容易吼叫、指责、打击孩子，让孩子失去了自信心。要让孩子做事有自信心，首先要让孩子感受到他是受尊重的。当他能把一件事情做好，并得到肯定的时候，他就会相信自己能够做好。每个孩子都能成为勤劳又有责任心的人。如果父母把事情都做了，孩子自然没有施展自己能力的机会。可以让孩子从择菜、刷碗、扫地等简单的家务开始做起。当父母愿意放手让孩子去做，并且能够给予孩子帮助和支持的时候，就会发现孩子其实也很能干。

孩子承担家务好处多

对男孩而言，让他从小事做起，让他承担家里的家务，遇到需要做决定的事情也让他参与进来，让他去承担做事的后果，其实就是为孩子未来的幸福种下责任的种子。

千万不要认为你没有宠爱孩子，在适当的时候用孩子也是爱孩子的一种表现。如果希望孩子有担当，生活幸福，他未来的家庭有温暖有爱，记得多去用他，并不断鼓励他、支持他。

让孩子做些力所能及的事情，有助于培养孩子的责任心。

这些生活习惯你看见了吗

习惯来源于行为，行为来自想法。孩子的想法来自生活中每天与父母的沟通，比如孩子学习的内容、读过的书，乃至孩子吃了什么、用了什么，以及吃的和用的东西带给孩子的感受，父母是否注意过，并做了正面引导？

⭐ 教育以人格教育为基础

父母把孩子带到这个世界上来，无非是希望孩子过得幸福。当然幸福的含义有很多，用一句话来讲就是有好的命运。老一辈人会说命运掌握在老天的手里，是没有办法改变的。实际上，命运是否可以改变呢？《易经》早就给出了答案："风雷，益；君子以见善则迁，有过则改。"当然这是指后天的改变。一个孩子先天的命运来自哪里呢？来自父母给予孩子的养育和教育。

教育家乌申斯基说："教育中的一切都应该以教育者的人格为基础，因为只有人格才能影响人格，只有性格才能形成性格。"

⭐ 关注孩子的细微行为

好习惯的重要性已经不需要再陈述。培养好习惯还需要知道，习惯是由孩子每一个细小的行为组成的。所以在培养越越的过程中，我更加关注的是她每天一些细微的行为，并加以适时地引导。大部分家长因为忙于工作和生活中的各种事情，尤其在有多个孩子的家庭中，几乎不会关注孩子细微的行为。

⭐ 3岁之前，父母尽可能多陪孩子

也可能有家长会说："老师，你这么说不现实，我有3个孩子，每个孩子我都这样去做，那什么都不用做了，就关注他们每个行为的细节吗？"当然不是。在培养第一个孩子的过程当中，尤其在孩子1.5岁之前，父母一般会有很多时间来陪伴孩子。

孩子3岁前，多注意习惯的培养

可能有些家庭经济条件不是很好，妈妈为了减轻经济压力，会选择在孩子6个月大之后开始工作，这种情况很普遍。如果有孩子的爷爷奶奶或者保姆帮助带孩子，那他们就要学习家庭教育的相关知识，在陪伴孩子的过程中，培养孩子日常的生活习惯，尽量多注意细节。当然，有条件的妈妈，尽量在孩子3岁上了幼儿园之后再选择出去工作。"3岁定80"这不是一句玩笑话，而是千百年来育儿经验的总结。

抓大放小

在养育越越的过程中，我们选择抓大放小。比如，越越2岁左右，我们经常带她出去抓沙子。沙子属于大自然的一部分，虽然沙子比较粗糙，但是沙子摩擦着孩子的肌肤，也传递了爱抚。父母培养孩子的时候要注意，孩子做的事是否符合孩子的兴趣和天性，这是"抓大"。而"放小"的意思就是不要在意沙子脏不脏，孩子经常接触一些父母认为脏的东西，也能提高孩子的身体免疫力。

- **3岁之前多关注孩子**

  在孩子3岁之前，父母对孩子日常的行为细节加以关注，对孩子的性格培养起着至关重要的作用。

- **养育细致要把握好度**

  养育细致一定要适当，不要过度，"增一分则太长，减一分则太短"。不然孩子就像是"温室花朵"，经不起"风吹雨打"。

- **抓大放小**

  要遵循大的原则，在细碎的事情上放宽松，给予孩子一定的自主空间。比如，玩沙子有好处，不要代入自己的视角只看到沙子脏。

典型案例 1

养育过于细致未必就好

我在6个月大的时候，就被送到了爷爷奶奶家。隔代教育隔代亲，爷爷奶奶在养育我的时候确实付出了很多的心血。由于我是早产儿，先天不足，所以在养育我的过程中，他们就特别注意细节。我先天脾胃不好，12岁之前从来没有喝过冷水。3岁之前每天吃5餐，少食多餐。这也导致我上幼儿园以后，非常不适应幼儿园的生活，于是爷爷奶奶对我进行了1年的饮食调整。所以在我4.5岁的时候，才重新去上的幼儿园。但养育过于细致未必是一件好事，这种养育方式导致我的身体较弱，成年后还会经常出现一些小毛病。

关注孩子的生活细节

在越越成长的过程中，我们注意观察她的行为细节，培养了孩子做事执着、执行能力强的风格。

在她不到3岁的时候，有一天晚上她的生物钟忽然被打乱，在22点后依然很兴奋，没有要睡觉的意思。越越洗完澡以后自己换好平时穿的衣服，开始在客厅走秀，我们一家人都在客厅给她当观众。她右手拉着比较小的行李箱，左手拉着自己的大公仔，又翻出来几件衣服搭在自己的身上走了一会，然后冲到客厅书架前拿起很久没用的麦克风就开始唱歌、背唐诗，家人不断的掌声给了孩子很大的鼓励。这部分结束以后，越越让我给她放音乐，然后她跟着音乐翩翩起舞，最后累得不行，躺到床上就呼呼大睡起来。

其实这并不是越越突发奇想，而是因为我和越越爸爸经常带她去小区会所，去看各种各样的培训，有跳街舞的，有少儿走秀的。孩子的模仿能力是很强的，因为越越经常接触，所以才有了这2个多小时的精彩表演。

越越不到4岁的时候就参加了少儿走秀培训班，表现非常优秀，经常被其他家长夸赞自律。其实这并不是我们培养得有多好，而是因为日常越越做事不够坚持的时候，我们经常会通过讲故事的方式，让越越继续坚持。不管她做得好不好，我们都会给予她鼓励和赞美，让她感受到自己微小的进步，逐渐养成坚持的习惯和执行能力很强的风格。

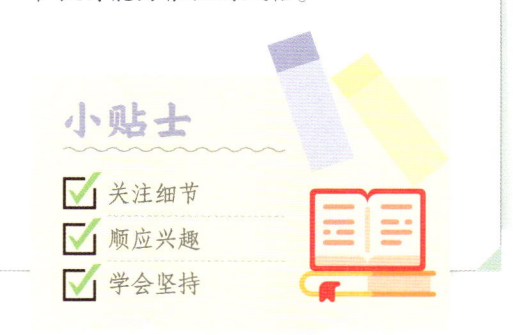

小贴士

☑ 关注细节
☑ 顺应兴趣
☑ 学会坚持

⭐ 习惯与命运密切相关

孩子小时候的良好习惯，会为他未来的生活、学习以及工作打下良好的基础。没有父母对孩子行为的细致观察，适时引导，就不大可能造就出一个有良好习惯的孩子。习惯实际上拥有巨大的能量，细微的习惯累积到一起，好的习惯会造就孩子的美好未来；坏的习惯则可能会断送一个孩子的幸福人生。

第三章
用心陪伴孩子，可以避免很多亲子矛盾

每个人都希望被人尊重，孩子亦是如此。但当我们为人父母后，却完全忘记了这一回事，开始对孩子吼叫、指责、唠叨、说教，乃至于动手打骂。如果孩子是你的同事，你会这样做吗？当然不会。孩子来到这个世界，虽然是父母给予了他生命，但他也是一个独立的个体，需要父母的尊重。无论是培养孩子做事的习惯，还是辅导他写作业的过程，都需要父母给予他足够的尊重。

倾听孩子的内心世界

无论孩子在哪个年龄段，他们都需要父母了解他们的内心所想，给予他们足够多的关注。所以，教育孩子的过程，实际上是父母和孩子一同成长的一个过程，毕竟不是所有的父母都懂得倾听孩子内心的声音。

典型案例 1

青春期的孩子主意很强

在越越的青春期，有一天周末，我们一家四口在外面聚餐。我们家有一个不成文的规定，是大宝提出来的（越越姐姐，比越越大12岁），就是吃饭的时候，所有人都要把手机交给大宝，吃完饭再拿回去。刚开始越越非常反对这么做，大宝就说："如果吃饭等着上菜的工夫，每个人都在看手机，实际上我们一家人在一起有效沟通的时间就更少了。"越越说："你不是每天在家，但我每天都在家，都在和爸妈沟通啊，你凭什么这样规定？"我们一看两个炸毛的小刺猬随时有可能掐起来，就选择了不说话。后来越越虽选择了默认姐姐所说的，但仍然不服姐姐。

这种事情在越越进入青春期之后，时有发生。我们都是尽量保持包容、尊重的态度。

> 一双灵巧的耳朵胜过十张能说会道的嘴巴。
>
> ——戴尔·卡耐基

★ 懂比爱更重要

我们常常说，父母陪伴孩子成长，很多时候懂比爱更重要。因为如果父母不懂得孩子所需、所想、所望，给予孩子的爱可能就是错误的。孔子说："不教而杀谓之虐。"如果我们能够懂得孩子，就会愿意去倾听孩子内心的声音，而且能够站在孩子的角度去考虑问题，我们和孩子之间的亲子矛盾就会迎刃而解。

其实这样的道理很多父母都懂，但是在做的过程中却遇到很多的阻碍。看到有很多专家说："父母要坐在孩子的对面，微笑地看着孩子，这样孩子才愿意向你倾诉自己的所想所需。"理论上这个方法确实可以，在实际操作的过程中却是很难做到的。

- 怎么才算真的懂孩子

　　父母想懂孩子，就要先倾听孩子内心的声音。

- 怎么让孩子对父母敞开心扉

　　父母可以经常和孩子话家常，拿自己小时候的经历让孩子代入场景。

- 尊重孩子的想法

　　报什么培训班、交什么朋友，完全可以让孩子自己拿主意

温馨提示

　　凡事皆有两面性，有好的一面，可能在另一面就会稍有瑕疵。作为父母，如果你介意这份瑕疵，那就是一份强求，无论对你还是对孩子，可能都会产生伤害。

典型案例 2

分享秘密，让孩子对父母敞开心扉

　　有天晚上我和越越散步，就说起了我自己青春期的一些事情，包括有男孩子向我表白。

　　越越就问我："妈妈，有男孩子追求你，你是不是特别开心？"我回答道："当然啦，拿到小纸条的那天我特别激动，男孩子是班长，长得蛮帅气的，而且学习成绩很好。不过呢，我一上初中，姥姥就说不可以早恋。我就激动了那一下，就把小纸条收起来了。"

　　"那后来你们怎么样了？"

　　"我写了一张纸条，告诉他，喜欢我就得考上一个好大学，到时候再来找我，现在我不谈恋爱。"

　　"那他有没有很伤心？"

　　"没有，他是那种对自己要求严格又很有上进心的人。"

　　"妈妈，你说，我们班有男孩子追求我，我应该怎么办？"

　　"哇，有男孩子追求你，我女儿这么优秀，一定有很多男孩子喜欢你的，对不？"

　　我先夸赞了越越，然后引导她如何在不伤害对方的情况下婉拒对方。

★ 尊重孩子做的决定

　　其实从越越5岁左右开始，我们母女俩基本上都是保持这样的对话的，她对我无所不谈。能够让孩子从小敞开心扉的父母，并不多见。这也需要父母能放下自己的身段，认真倾听孩子的讲述，帮他分析，引导孩子自己做决定。所以对于越越从小选择什么样的兴趣班、和什么样的孩子做朋友，我只做引导，最后基本上都交给她自己去做决定，这也培养了她比较有主见的性格。

在兴趣上遇到挫折

越越参加少儿走秀培训,当时爸爸是非常反对的。他认为孩子这么小,以后还要经常出去拍摄、走秀,第一对孩子来说太辛苦了,第二我们可能真的没有时间陪伴孩子。孩子刚开始上课的时候,基本上都是外公陪伴她,而且还不是在我家附近上课。每个周五下午,外公和孩子都要坐1个小时的地铁去上课,对3岁多的孩子来说已经是一个很大的挑战了。但是无论刮风下雨,还是晴天暴晒,她都能准时上课。作为父母,也为她这份坚持点赞。

但是有一段时间,越越一说去上走秀培训课,不是上厕所,就是不好好吃饭,我能看出她在故意拖延时间。所以不管她做什么,晚了多久,我都会让外公带她出门。当孩子连续2周都这样以后,我就知道该跟她谈心了。一个周末,我带她出去喝下午茶,买了她喜欢的蛋糕,还有她爱喝的奶茶,一边聊天一边看看风景。

借着良好的气氛,我就问她:"越越,这两周在走秀班,是不是很不开心呀?"

越越表情一下子就变了,眼泪在眼眶里直打转,我马上走到她身边,抱了一下她:"告诉妈妈,怎么了?是不是和班里的同学闹矛盾了?"

我这一问,孩子的情绪闸口打开了,哭得好大声,很多人向我们看过来。"越越,释放一下情绪是对的,没事,你想哭就大声哭,妈妈抱着你。"被我安慰过后,孩子反而抽泣了一会儿就平静了。

"妈妈,上次安排走秀活动,老师没让我去,我不开心,我不想去上课了。"

"上周放学回来,你是不是忘了和妈妈说这事?所以出门的时候,你就想,万一迟到很久,妈妈就会给你请假,不用去了?"

"是的,妈妈,我不想去了。"

"这样吧,我跟张团长打个电话,问问是怎么回事,好不好?"

"嗯。"

我立即当着孩子的面就打了一个电话给走秀班的张团长,问她上次走秀是怎么回事,因为没有安排越越去,孩子很不开心,现在不想去上课。张团长说:"于老师,上次是去拍摄,不是走秀,我们去的都是7岁以上的孩子,这是因为拍摄服装和鞋子尺码要统一安排。越越她们这个年龄段的安排在下周拍摄,这次的拍摄是分开安排的。"

"谢谢张团,我知道了。"因为我当时开着免提,越越一听我说完话了,马上说了一句:"谢谢张老师,我知道啦!"电话一挂,越越开心得像一只小燕子,围着我不停地转圈。

无论是对于处理越越小时候遇到的事情,还是青春期孩子早恋,以及和同学有矛盾的事情,我都是以尊重孩子为主,并且偶尔能像朋友一样和孩子沟通,在遇到一些她自己无法处理的事情的时候,用我的行动告诉她处理事情的方法。孩子的模仿能力是很强的,以后如果遇到类似的事情,她也能处理得当。

⭐ 青春期叛逆的生理原因

很多父母不理解，为什么青春期的孩子会叛逆呢？因为这一时期的孩子，大脑的前额叶皮质层还没有完全长好，大脑前额叶皮质层掌控着人的判断能力、执行能力、逻辑思维推理，会导致人的冲动行为。可见大脑前额对人的重要性，但这么重要的部位，却是人体发展相对较慢的部分。所以越来越才有了"我进入青春期了，我叛逆了"的宣言。对于这一时期的孩子，父母要做到懂得孩子所思所想，能够用正确的方式指导孩子成长。

⭐ 父母要少说多听，学会懂孩子

不只是青春期，无论哪个年龄段，当孩子愿意和父母沟通的时候，父母都要少说多听。这样才能够从孩子表述的语言当中，分析出他当时的内心世界是怎样的、需要父母做的是哪个部分，才能够有针对性地去做。如若不然，父母就有可能会错过教育的关键时期。孩子的教育就是一场现场直播，哪一个阶段都不能错过。一旦错过，再想挽回，父母即使花上几十倍乃至几百倍的精力，也很难达到当时那种效果。

温馨提示

如果你懂得倾听孩子内心世界的声音，处理方法能够满足孩子内心所需，你就是他一生的朋友。

- 青春期的孩子尤其要尊重

  否则，他可能真的会和父母对着干。

- 孩子的每个年龄段都很重要

  孩子的教育就像一场现场直播，一旦错过，很难挽回。

- 孩子为了喜欢的事可以付出很多

  要认真对待孩子的兴趣和选择，因为你不知道他们会为了自己喜欢的事情付出多大努力。

37℃的温暖

"良言一句三冬暖,恶语伤人六月寒。"道理谁都懂,但实际做的时候却比较难。比如,在辅导孩子写作业或者是看到孩子不良的行为习惯时,父母既着急,又恨铁不成钢,可能会恶语相向,结果就会伤害到孩子的自尊心。

父母都希望孩子情商高

我在全国各地做家庭教育讲座的时候,经常会有很多家长问我:"于老师,你什么时候来我们这里讲讲情商培养的课程啊?你讲课的时候提到这一部分,但没有详细讲,我们想学一学。"

情商,是近几年的一个热点话题,大部分人都希望自己成为一个情商高、会说话的人。这样在和孩子、爱人、同事或者是客户沟通的时候,不但能够让对方感觉到舒服,甚至可能因为一句话就为自己带来很大的收益,尤其是对客户而言。

会说话是一门学问,这应该成为每个人必修的一门功课。

当沟通用温度衡量

很多家长说:"我不会和孩子沟通,尤其是孩子做错事情的时候,一看到他我就来气,没有办法心平气和地和他说话。有时候其实我想好好说话,但一开口就是一顿指责,我也不想这样的。"

没有人想轻易去伤害别人,当然也没有人想被他人伤害。语言本身就具有一定的温度,你使用的语言是37℃的,会让人如沐春风;如果是100℃的,会令人感觉烈火灼心;如果是20℃的,感受起来如同秋风习习;如果是-20℃,那就如坠冰窟。所以,请回想一下,你平时和孩子沟通的时候,语言是多少度的?

合适的语言温度,再加上恰当的沟通方式,沟通才会有效;语言的温度过高或过低,都可能造成沟通不畅。如果我们能够养成一种先思考再说话的习惯,就会注意自己的语言和表达方式带给孩子的影响。

父母要感受孩子语言背后的需求:"希望爸妈多陪我一会儿!""学习不好的时候能给予我帮助。""当我取得一点进步的时候,给予肯定。"

先控制好情绪

因为生活和工作压力大,有些妈妈在这些方面的细节处理得不够好。如果孩子爸爸能分担家庭工作,妈妈们还会轻松一些;如果孩子爸爸工作很忙,平时又疏于照顾家庭,那么,照顾好孩子的生活、辅导好孩子的作业,都会落到妈妈身上。妈妈确实很容易忽略和孩子沟通的细节,偶尔自己情绪又没控制好的时候,是非常容易发火的。

先思考再教育

多思考就会发现孩子行为背后的问题。比如,孩子缠着妈妈玩,或者是写作业拖拉磨蹭,挑食不想吃某种食物。其原因可能是:孩子今天上学,受到了同学的冷落;上课专注力不够,今天课堂知识并没有完全学会;还可能是因为孩子真的不喜欢吃这种食物等。如果父母懂得孩子内心的需求,那么在对孩子表达观点的时候,语言当中所透露出来的是关爱、疼爱、关注,这些带给孩子的感受是舒服的,也会温暖孩子的内心;如果父母只关注孩子的行为和缺点,就无法懂得孩子内在的需求,语言当中就会透露出不耐烦、不喜欢,这些带给孩子的感觉是不舒服、难受的。如果这样的事情多次发生,会造成不可逆转的伤害。

幼儿时期父母和孩子的互动很关键

在《蛤蟆先生去看心理医生》这本书里讲道：一个人对待外界的状态，是在幼儿时期时和父母的互动习惯中形成的心理反应习惯和对自我的认知习惯，对外界的言语行为会有一个习惯性的应对。蛤蟆比较小的时候，经常受到爸爸的呵斥，蛤蟆爸爸总嫌蛤蟆不争气，所以蛤蟆心里就感觉自己很凄惨，感觉别人都对他不好，感觉自己非常不幸，这就是蛤蟆的"儿童自我状态"。后来蛤蟆的"父母自我状态"是在内心内化了他爸爸的状态后产生的，然后爸爸成了他自己，所以蛤蟆时时刻刻在惩罚自己、嫌弃自己，甚至于自残。所以，对于孩子，父母给予孩子什么样的温度，孩子的内心就会拥有什么样的温度，然后会用同样的方式对待自己和他人。

建立沟通的桥梁需要下功夫

无论孩子向你表达他内心的什么想法，都不要急于去否定孩子。当你急于否定孩子的时候，就等于在孩子向你打开心门、邀请你进去看看的时候，你不但不进去，反而把门给关闭了。

我们常常说"沟通的桥梁"，它的意思很容易理解，就是你走近孩子，孩子也会走近你，父母和孩子是双向奔赴的，这个桥梁才能够通达；如果孩子把心门向你打开，你却急于否定孩子，那么就相当于你把沟通的桥梁打断了，这桥就成了"断桥"。西湖的断桥还能隔桥相望，你和孩子却走向了相反的两边。

典型案例

不理解孩子的妈妈

7岁那年的冬天，我从奶奶家去妈妈家生活。下雪以后，我经常和小朋友一起去外面玩雪，因为我穿的棉袄太厚了，所以出汗太多。回到家，棉袄已经湿了，妈妈就会埋怨我："又一脖子的雪，你就不会注意点，你看你这棉袄又湿了，你总共就两件棉袄，如果那件再湿了，我看你明天上学穿什么。"我和妈妈说棉袄太厚了，其他小朋友都没穿这么厚。妈妈却说："你看看哪里厚，你身体不好你不知道吗，穿厚了不容易感冒。"我只能默默地流眼泪。

后来，当我再看到"不是只有扬起的巴掌才会伤人"这句话时，我立刻就想起这件往事。

心理学家威廉·杰姆说:"人性最深层的需要,就是渴望别人的赞赏,这是人类区别于动物的地方。"父母要懂孩子内心的渴望。

心理健康关系到孩子成年后的轨迹

父母对孩子正确的心理疏导,对孩子的心理健康起着决定性的作用。父母不断忽视孩子的情感需求,就相当于不断给孩子的内心降温。如果孩子哪一天变得冷漠了,那是很正常的事情。所以我常常说父母可以缺席孩子的生活,但不能缺席孩子的心理成长。童年时期被父母在情感上忽视的孩子,是缺爱的。为什么一些非常优秀的女性,成家以后,在情感和婚姻方面屡次出现问题?这就是父母长期忽略孩子的情感需求导致的。

沟通需要的是爱

父母和孩子沟通,不需要技巧,需要的是发自内心的爱,懂得孩子的情感需求,有时候懂比爱更重要。父母懂得孩子,就能够转变角色,站在孩子的角度去考虑问题,无论孩子表现如何,父母都能理解那是一种怎样的内在需求。用37℃的爱去滋养孩子,让孩子也带着这样的温度,如同阳光一样温暖别人,照亮自己。

青春期，指导还是陪伴

孩子处于青春期，对于很多父母来说简直就是一场噩梦。这话听起来有点夸张，但又是很多父母不得不面对的现实。

典型案例

迷失在游戏里的少年

2020年的时候，我在微信上接到乐轩爸爸的求助。通过询问得知，乐轩12岁，在家上网课的时候，这边上课，那边电脑上开着游戏直播。有一次语文老师提问，他没有回答上来，语文老师说了他，他开口就骂老师。老师给乐轩妈妈打电话说了这件事情，当时乐轩妈妈还不知道打游戏的事，让孩子给老师道歉，孩子就是不肯道歉。乐轩妈妈没有办法，只好自己和老师道歉。

有一天乐轩妈妈生病了，在家里休息。无意间撞见乐轩在网课时间看游戏直播，她直接进房间问孩子为什么上课期间看游戏直播。儿子以妈妈不敲门就进自己房间为由和妈妈大吵了一架，而且还说漏了嘴，乐轩妈妈才知道，乐轩的网课一直是这样上的。一气之下，妈妈拔了网线，砸了乐轩的手机，而乐轩冲进妈妈的房间，用自己的棒球棍砸妈妈的护肤品，砸完后冲进客厅又开始砸妈妈的杯子，而且还撕心裂肺地吼叫，这些举动惊动了邻居。

一个星期后，乐轩父母带他去了医院，心理医生说孩子有躁郁症，得吃药，就开了好多瓶瓶罐罐拿回了家。孩子吃药以后确实好了一些，但对于打游戏、看游戏直播仍然非常痴迷。有一次，乐轩妈妈情绪崩溃了，又把家里的路由器给藏了起来，结果母子俩又发生了冲突。乐轩拿刀割了自己的手腕，乐轩妈妈也气得住进了医院。

见面后，我了解了乐轩从小到大的成长情况。乐轩幼年一直缺乏父母的陪伴，从小学二年级就开始玩手机游戏，到小学四年级以后，几乎每天都要花2个多小时玩游戏。妈妈对乐轩管得比较严，所以他们之间的矛盾也特别多。

青春期的陪伴 **案例分析**

我给乐轩父母的建议是，第一，多陪伴孩子；第二，妈妈尽量少说话，或者不说；第三，家里的电视、电脑全部停用；第四，设定特殊亲子时光的时间段，并享受其中；第五，父母不能当着孩子的面吵架，有任何矛盾也不要在家里解决，尽量营造和谐的家庭氛围。他们坚持了3个多月以后，乐轩的情况就好了很多。

其实，对于青春期的孩子，任何专家给的建议基本上都差不多，关键是执行人是否能够做到，并能坚持。

● **不要过度指导孩子**

青春期的孩子，更需要来自父母的陪伴，指导固然重要，但指导过多，亲子关系会更加紧张。

● **了解孩子的内心需求**

父母把孩子放在朋友的位置上。

● **不要想着指导孩子**

父母只需要处理好孩子日常生活和学习的后勤工作，少说话。

★ 青春期的孩子为什么放不下手机

第一，孩子缺少父母的陪伴。

第二，父母看到孩子身上各种各样问题的时候，就想引导孩子能够远离手机。在引导孩子的过程中，父母的语言和行为对孩子产生了行为上的约束，青春期的孩子不喜欢被人管教，所以内心就会产生抗拒。这两点就导致父母和孩子之间的亲子关系陷入了僵局。

★ 孩子青春期，父母少说话

当孩子处于青春期的时候，父母要知道青春期的孩子有情绪波动是正常的表现。这个时候，父母要去改变以往的那种约束和指导的方式，给予孩子比以往更多的尊重，了解孩子的内心需求。父母要把孩子放在朋友的位置上，用和朋友、同事沟通的方式与孩子进行互动。像乐轩这种叛逆的孩子，父母简单的一句引导，在他看来都是要求，修补这种关系更要花心思。在孩子青春期，父母只需要处理好孩子日常生活和学习的后勤工作，少说话，尽量做到止语（不说话）。孩子学习的时候，父母只需要在一旁安静地待着，即使不和孩子说什么，这也是一种陪伴。

温馨提示

没有教不好的孩子，只有不会教的父母。只要父母愿意主动学习，并且可以把所学的知识做到知行合一，只要足够坚持，孩子以前出现的问题几乎都能迎刃而解。

特殊亲子时光

对于"85后"的父母来说,能够完全做到真正陪伴孩子的也许并不多。这不仅是因为大部分父母要为生活而忙碌,还因为智能手机时代的到来,成年人也很难控制住不看手机……

典型案例

忙碌的妈妈忽略了孩子的感受

从2012年开始,在全国各地开展的家庭教育课堂使得我经常出差,对越越的关照自然少了很多。每次出差回来,我也明显感受到了越越的失落。越越变得没有像以前那样的乖巧,偶尔会无端地发脾气。幼儿园的老师反映:以前其他小朋友和老师说话的时候,越越从来都是自己在旁边玩。而这半年来,越越不但总是过去打扰他们,偶尔还会做一些奇怪的事情,以引起老师的关注。

发现这种情况后,我就和越越约定,每次我出差回来的第一天,就是我和她的特殊亲子时光。我会先和越越姐姐沟通好,单独带越越出去玩,而且我们还会在前一天晚上一起玩"头脑风暴",列出我们喜欢的活动清单,然后再来选择我们第二天要进行的活动。当需要爸爸一起参加时,她也会主动邀请爸爸参加我们的活动。慢慢地,这件事就成为我们生活中的一种仪式、一种习惯。

我也和越越约定了,我出差回来的晚上7点半以后,有20分钟可以作为我与越越共度的特别时光,和她一起读书,偶尔我们也会做游戏,或者出去散步。这让越越心里感受到妈妈每天都在关注她,她的归属感也就越来越强。

> 和孩子一起计划好一段特别亲子时光，会让孩子感觉到一种特别的重视，并且有一种仪式感，这对孩子的心理产生的影响是非常大的。

案例分析

状态调整回来了

我发现，当我们和越越的特殊亲子时光进行了一段时间以后，她又恢复了以前的状态。而且我们惊奇地发现，她学会了关心别人。比如，带越越去小区里骑自行车玩，当看哥哥们骑着单车往坡下面冲，坡下面还有爷爷奶奶在散步的时候，她会主动提醒哥哥们，以免碰到爷爷奶奶。

虽然我们在越越身上花费了很多的时间，但这些都是非常值得的。因为计划好的亲子时光，和那些父母不得已抽出的时间，很随意地选择陪伴孩子，有很大的差别。

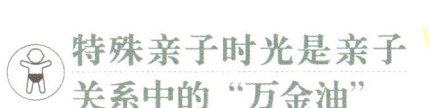

特殊亲子时光是亲子关系中的"万金油"

关于特殊亲子时光这个教育工具，很多父母的理解就是陪伴孩子。其实，做任何事情，我们都要注意细节，如果忽略了特殊亲子时光的细节，不但没有起到实质性的作用，反而让孩子认为：他们就是应付我，哪有什么陪我的心思啊！

特殊亲子时光是亲子关系中的"万金油"，会让你和孩子的关系越来越好，同时，也是父母和孩子建立情感链接的通道。

很多父母在我的建议下，会抽出一段时间做亲子陪伴的特殊时光，但是他们在执行的过程当中，并没有完全遵照我的建议，使得特殊亲子时光并没有产生应有的效果，请关注以下几点。

第一，在特殊亲子时光中，父母足够专注，孩子会感受到归属感和价值感，会觉得自己对于父母来说很重要。

2017年6月中旬，我刚刚从苏州回来，晚上接越越从声乐班回家，便开始了我们不受干扰的特殊亲子时光。我陪她一起玩感统训练游戏的时候，看得出来，她觉得我能专心陪她玩真的很好，就连事先说好的可以看30分钟动画片的事情，越越都主动放弃了。

第二，安排好的特殊亲子时光，是对亲子关系的一个重要提升。

我们把孩子带到这个世界上来，目的是和孩子一起幸福快乐地生活。当父母把聚焦点放在这个上面，在孩子顽皮或者是捣乱的时候，我们就会抛弃不耐烦的心情，专注于享受和孩子在一起的时光。只要父母努力了，即使偶尔做不到，孩子也会体谅父母。尽管忙完工作回到家的时候，我真的感到很累，但是晚上我还是能专心地陪着越越玩积木。我们正在一起搭积木的时候，越越突然对我说："妈妈，你看起来很疲惫哦，要不越越陪你去睡觉吧！"孩子的这句话立刻让我的心里暖暖的。

第三，有了特殊亲子时光，父母特别忙，但孩子又非常希望得到关注时，让孩子接受父母没有时间这件事容易很多。

有家长反馈：孩子总会打扰或者干扰父母，解释再多都没有用。这是因为孩子不知道父母什么时候会来关注他。如果约定了特殊亲子时光，孩子就能明确知道，什么时候应该和父母在一起，还会主动参与做规划。当父母被孩子缠着给他讲故事但又很忙的时候，可以这样和孩子说："宝贝，现在妈妈（爸爸）真的很忙，我要把这件事情做完，公司已经在催妈妈了。我们这几天的特殊亲子时光是晚上8点钟啊，你那会儿再来找妈妈。"这样表述的时候，孩子很容易就会接受你现在不能陪他的现实了。

特殊亲子时光可以是在孩子放学之后一起分享一些小点心，也可以是周末1个小时的亲子活动，或者是一起看一场电影。

不同年龄段的孩子对陪伴的需求不同

2岁以下的孩子一般需要父母长时间陪伴。因为这个年龄段的孩子，还不能理解什么是特殊亲子时光，只要他能够感受到和父母在一起的乐趣，就没必要安排特殊亲子时光。

2~6岁的孩子，需要保证每天至少10分钟的特殊亲子时光。如果父母能坚持，就会发现这10分钟带给孩子的安全感和归属感十分有效。当然了，时间越长越好。

7~12岁的孩子，不需要每天都有特殊时光。但父母要保证至少每周都有30分钟的特殊时光。

13~18岁的孩子，需要每个月或者每2个月有1天或者几天的专属特殊时光，或者是家庭共同娱乐的时间。

特殊亲子时光的意义

首先，父母要让孩子确切地知道，这段亲子时间是专门为他设立的。这种感觉会带给孩子完全不同的感受。各位父母，当你和孩子约定了特殊亲子时光，记得坚持，并去享受这段时光带给独属于你们的快乐和幸福吧！

你真的给过孩子自由吗

每个孩子来到这个世界上，都有他自己的情绪和感知，父母不能用自己的认知方式去强迫孩子按照自己的想法去做，而是引领孩子，让孩子自己去寻找、去探索、去发现适合自己的路，从而更好地成长。

蒙台梭利有个很著名的教育理念——给予孩子爱和自由。要做到给予孩子爱和自由，需要父母能够站在孩子的立场考虑问题。

典型案例 1

对于幼儿的兴趣，以引导为主

越越不到2岁就去上幼儿园小班了，主要是因为她会清晰地表达。每天放学回家，我们都会和孩子沟通在幼儿园的情况，表达不清楚的时候，她就会画一幅画给我看。

其实越越刚开始画画就画在我的床头上，满床头都是涂鸦，看到实木床被孩子画得乱七八糟，我也很恼火。但理智让我转变了想法，孩子想象力和动手能力的培养不是用金钱能够衡量的，于是我就认真夸赞了越越的画。虽然她不一定听得懂，但我仍然尽可能地在脑海里搜寻自己还记得的那些古诗来赞美孩子的画。

夸完她以后，我接着说："如果妈妈的床头都画满了，你打算再往哪里画呢？"孩子就拉着我站在了书柜前。这个书柜装的都是越越爸爸的书，书柜一旦遭殃，爸爸肯定就发火了。

"越越，妈妈给你买一个画板吧，你画在画板上，而且画板特别好，你画完一幅画，刷过去就不见了，可以继续画下一幅，好不好？"

孩子点点头，我立刻拿出手机，找到网购平台，展示给越越看。越越看了半天，指着其中一个说："就要这个。"我马上就付款了。2天后，画板就到了，越越的绘画史由此拉开了帷幕。绘画成了越越每天必做的事情，哪怕生病了，也要画上一幅画。

我给了孩子充分的自由，让她在艺术的海洋里自由地遨游。

父母掌控下的孩子长大后会怎么样

2017年,有一位找我做心理咨询的家长和我分享:她和13岁儿子的关系非常紧张,儿子凡事都和妈妈对着干。这位家长说是因为孩子到青春期了,比较叛逆,才会这样的,情况已经持续1年多了。我询问了她这么多年和孩子的相处模式,才知道孩子基本上是在她的掌控之下长大的。

我就建议她放手,多给孩子自己做决定的空间,只有这样才能缓解与孩子的矛盾。这位妈妈却说:"于老师,我能做到,但一定要等到孩子中考结束才可以。"我就问她为什么要等到中考以后,她说因为她儿子想考深圳美术学校,而她则认为孩子必须读深圳前10名的高中,理由是艺术道路以后不好走,考清华、北大才是正路。

"孩子年龄那么小,能懂什么呢,我当年也是个学霸呀,考个哈工大或者是清华也是不成问题的。我高考那会儿就是不听我妈的话,一定要报考医学院,到现在做了快20年的医生了,工资就那么点儿,我不能让我儿子走我的老路。这个决定必须由我帮他来做。"看着这位妈妈斩钉截铁的态度,我选择了沉默。

一个星期都不到,她再次来到我工作室的时候,眼睛肿得已经不成样子了。我问了才知道,她儿子一定要选择读美术高中,因为孩子已经学了6年美术了,不想放弃。她和儿子再次产生了强烈的争执,当天晚上孩子想割腕自杀,幸好发现得及时,没有大碍。接下来,我给她讲了一个我儿时朋友的故事(见典型案例3)。她听后哭得一塌糊涂,说:"我决定放手了,再也不管孩子的事情了,我不想把孩子逼疯。"

- **适当引导孩子的兴趣**
  孩子喜欢乱画可买大画板。

- **不要自以为是**
  父母不要事事都让孩子听自己的。

- **青春期的孩子要更加注意**
  沟通不好可能会造成孩子事事都跟你对着干。

温馨提示

要给孩子充分的自由,尤其是在孩子6岁之前。这样孩子才能够健康成长,因为心理健康跟身体健康一样重要。

压抑的环境会剥夺孩子的自由

我有一位儿时的伙伴,叫妍妍,是一个非常漂亮的女孩子,而且学习成绩在年级里一直都是名列前茅。但是她妈妈特别强势,就连孩子每天上学穿哪件衣服、配哪双鞋子(我们那个年代是没有校服的)都是妈妈说了算。女孩子到了青春期,或多或少都会在意形象,比如,以前梳短头发,青春期特别想留长头发。我们几个关系特别好的女孩,就约定暑假把头发留起来。

暑假一过,开学的时候我就看见妍妍还是短头发,而且整个人无精打采的。我们3个人都很关心她,就问她:"你怎么没把头发留起来呀?"妍妍说:"妈妈说女孩子一爱美,心思就不在学习上了,不允许我留长头发。"小微一听就不高兴了:"妍妍,你怎么什么都听你妈妈的,你就不能自己做一次主吗?"没想到这句话刺激到了妍妍,她哭着就跑开了。我们也是第一次看到妍妍这个样子,就让小微去和妍妍道歉。

这个事情过去没多久,我们就听到了一个爆炸性的新闻。妍妍妈妈到校长办公室大闹了一场,原因是她在妍妍的本子里看到了一个男生写给妍妍的表白纸条。妍妍妈妈找到班主任老师,一定要见到那个男孩的父母,班主任老师觉得不过是青春期的孩子有了想恋爱的冲动,就和妍妍妈妈说:"这是小事,交给我来处理吧!"结果妍妍妈妈认为班主任老师不尊重她,就闹到了校长办公室,让校长处理班主任老师,而且还要找男孩的父母来学校见她。因为男孩的父母都在海外工作,妍妍妈妈不依不饶,要给男孩父母打电话。

这件事情闹得满城风雨。受到这件事情的影响,妍妍的学习成绩一落千丈,而且有很多其他班级的同学经常对妍妍指指点点。后来妍妍退学了,这件事情才慢慢地被人淡忘。

妍妍退学后,我们几乎就没有再见面。后来,听小微说:"妍妍现在在精神病医院。"我震惊地问:"怎么可能?"

"妍妍换了一个学校,但成绩一直都不理想,后来真的早恋了,妍妍妈妈又去学校闹了一场。不久,妍妍就疯了。"

案例分析

管得太多，只会毁掉孩子

虽然这件事已经过去了很久，但是需要更多的父母时刻警醒，不能让悲剧再次上演。

妍妍妈妈是那种非常典型的强势女性，妍妍和爸爸凡事都得听她的，不然，家里就会被闹得鸡飞狗跳。妍妍偶尔和妈妈顶撞，妈妈不会打她，但是会一哭二闹三上吊。所以在长期压抑的情况下，她妈妈再次到学校大闹成了妍妍精神病的导火索。

我把这件事分享给那位来做咨询的妈妈。这位妈妈说，如果自己还不改变，她能够预见自己以后的样子：去安排儿子的工作、恋爱、婚姻，最后儿子彻底远离自己。其实她是一个很有悟性的妈妈。但有很多父母，自认为自己为了孩子付出了很多，理所当然地在孩子年龄小的时候，替孩子做正确的选择，殊不知却是以爱之名做伤害孩子的事。

⭐ 给孩子自由，不要过多介入孩子的生活

对于孩子而言，他们更需要父母给他们空间和自由。所以很多父母忙碌了一生，没有感动儿女，最后也只是感动了自己而已。

每个孩子都是独立的个体，从出生开始，他的思想意识就在不断成长。如果父母用自己的思想和行为去掌控孩子，最后这个孩子多半不会成为他自己，而是会成为父母的样子，因为他没有作为一个独立的个体而存在过。

"父母之爱子，则为之计深远。"父母不能用爱绑架孩子，而应该多尊重孩子的选择和需要，站在孩子的角度为孩子去着想。父母过多地介入孩子的生活，会让孩子无所适从。等到孩子成年以后，他可能无法独立做重大事情的决定，甚至离开父母就无法独立生活，这样的案例比比皆是。

- **女孩的天性是爱美的**
  梳头发耽误不了多长时间。

- **处理学校问题要谨慎**
  小事交给孩子自己解决。

- **每个孩子都是独立的个体**
  父母不要把自己的思想强加给孩子。

温馨提示

爱孩子，就要给予孩子应有的自由，让孩子在相对自由的环境里成为他自己。这才是我们为人父母给孩子真正的爱。

要教孩子学会担当

包办教育、代替教育，导致很多孩子5~6岁的时候动手能力不强。不包办、不代替，把选择权和决定权交给孩子，这样不但能让孩子有自己实践的机会，更重要的是能让孩子独立思考，做他自己。

从小事做起，教孩子成长

当孩子降生在这个世界上并不断成长的时候，身为父母，想得最多的可能就是不让孩子受到任何伤害，不再吃我们以前吃的那些苦。所以很多父母把自己打造成了"蜘蛛侠""钢铁侠"，以各种各样的方式帮助孩子扫除可能会威胁到孩子成长的障碍。比如，背书包，现在的孩子背的书包确实比我们那时候重很多，很多父母担心书包太重了，影响孩子长个子。所以孩子上下学，书包基本上是父母背的。时间长了，背书包这件事情已经习惯性地成为父母或者祖辈的事情。

你忍心让孩子自己背重重的书包吗？

典型案例 1

书包自己背

越越上小学时，基本上都是外公每天接送她。但我只要有时间，就会去接她放学。尤其是孩子学校或者是班级里有重大活动的时候，我基本上都会参与。

有一次我送越越去上学，看到很多高年级的孩子长得比妈妈都高了，但书包并不是自己背着，而是妈妈背着。每次看到这个场面，我都会想：这样的孩子以后的责任心会是怎样的呢？今天父母可以替孩子背书包，明天能替孩子背下所有的一切吗？

当天越越放学回到家里，我问越越："看到那么多同学的书包都是爸爸妈妈背的，但你的书包一直都是自己背的，你有什么想法呀？会不会觉得妈妈不爱你呀？""妈妈，你都说了，这本来就是我的责任，书包就要由我自己来背，我没什么想法的，你爱我才这么做的呀，你不爱我才会替我背书包呢！"

越越一直都是这样，有的时候懂事得让我惊讶。

🔍 家长的理念是可以影响孩子的

我以前在深圳讲课的时候,外公、老公和越越都听过我的家庭教育课程。当然,在家里我也经常会读一些家庭教育的书籍,或者开家庭会议的时候,我也会分享一下我的观念。孩子耳濡目染,也学会了很多,所以非常理解我让她背书包的用意。

🔍 担当也是锻炼出来的

要想让孩子有责任心、有担当,就要在他成长的过程中,遇到自己应该承担责任的事情,让他能够自己去承担,而不是在父母保护的羽翼下成长。不要认为这是件小事,否则孩子长大后就可能会为所欲为。

🔍 培养孩子自我保护的能力

父母不能给孩子一辈子全面的保护,而父母的这种保护是剥夺了孩子本应具有的学习和承担责任的机会,这可能为孩子长大以后缺少责任心埋下了一颗"定时炸弹"。这颗"定时炸弹"在孩子以后的工作和婚姻生活当中随时可能会"爆炸",从而造成一些严重的后果。

孩子的责任心要从小培养。

保护要有度

要保护自己的孩子,是每位父母的本能,也是每位父母的正常心理。但很多父母对孩子的爱和保护超过合理范围,不但剥夺了孩子自我成长的权利,而且对孩子的成长及未来的生活,产生不良的影响,这是很多父母并没有思考过的。

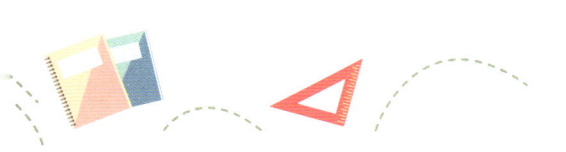

典型案例 2

父母的行为和处事态度会影响孩子的责任心

有一次，我住在表姐家里，表姐的儿子彬彬已经2岁多了。有一天，保姆和我一起带彬彬到楼下玩，我正在草地上看书，忽然听见保姆大声喊我："彬彬姨妈，你快过来！快点！"我不知道发生了什么，赶紧跑过去，只看到彬彬对面一个比他高半头的男孩子头上直流血……

一问才知道，两个小朋友互换玩具玩了很久了，那个男孩要回家了，就让彬彬把玩具还给他。彬彬不肯还，两个人就动手打起来了。因为彬彬手里那把枪的枪托很有分量，在扭打的过程中，彬彬用枪托打到了那个小朋友的头。

保姆就问我怎么办，我赶紧让那个孩子的奶奶带他去包扎，把表姐家的门牌号和电话号码都留给了那个奶奶，并留下了对方的电话号码和门牌号，告诉她要联系我们。

表姐家保姆还在哄彬彬，和彬彬说："以后你躲着点这个男孩，这个男孩见谁就和谁打架，今天你打赢了，哪天他把你打坏了可怎么办？"保姆这一番话把彬彬的责任推卸得一干二净。

保姆又和我说："彬彬姨妈，不是我多事，你不应该把咱家门牌号和电话号码留给那个奶奶。小朋友打架是常有的事情，万一他们找上门就不好了，彬彬妈妈会怪我没把孩子带好，可能会炒我鱿鱼的。"我和保姆说："这是我们的责任，我们不能什么都不说。"

表姐回来后，我第一时间把这件事情告诉了表姐，表姐也没有说什么，我把那个奶奶的电话和她家的门牌号告诉了表姐。表姐只是训斥了彬彬和保姆，这件事就成为过去式，但表姐也错过了教育彬彬学会承担责任的一次很好的机会。

不要过度保护

父母的责任不是为孩子的成长扫清障碍，更不是挡在孩子的身前，为他承担责任，而是让孩子自己去承担他应负的责任。不管孩子多大，都不要过度保护孩子，否则会错过让孩子学习承担责任的机会。

第四章
感统训练与专注力培养

奥地利心理学家阿德勒先生说:"每一个孩子都是一个独立的个体。"既然这样,那每个孩子对这个世界的感觉和认知自然就会有所不同。感觉发展对每个孩子来说,都是他成长的地基。比如,孩子的语言感知、情绪认知、心理变化等,这些都是建立在感觉基础之上的。近几年,注意力不集中这个问题成了困扰很多父母的难题,也引起了很多父母的关注。那么,如何改善孩子注意力不集中的问题呢?

什么是感统失调

大量正常儿童和特殊需要儿童都存在感统失调问题。2017年美国一份调查研究表明，5%~16%的正常儿童存在感觉统合失调障碍。孤独症谱系障碍儿童中，超过80%存在感觉处理问题。这表明，感统失调问题不容忽视。

专注力的问题在3岁以后显现

孩子一旦感统失调，遇到的第一个问题就是专注力不够。父母能够意识到专注力问题的严重性，基本上是在孩子3岁上幼儿园以后，比如上课的时候坐不住；动不动就和其他小朋友聊天；其他小朋友跳舞的时候，孩子没有办法跳一支完整的舞蹈；老师正在上课，孩子忽然哈哈大笑，扰乱课堂秩序。

家长发现问题时，已经很严重了

男孩本性里有活泼好动的一面，在家里一刻都停不下来，有些父母没当回事。但当孩子步入幼儿园以后，在孩子之间就会出现对比：1个玩具，其他小朋友可以玩很久，他2分钟换了5个玩具；玩滑梯，其他小朋友玩20遍都不腻，他只玩了2遍就不想玩了……

当老师与家长反映这些情况的时候，有些家长可能仍然不以为意，认为孩子嘛，天性就是爱玩。但是当孩子上了小学以后，家长才意识到问题的严重性。

注意力不集中的表现

老师向家长投诉孩子上课总是走神、东张西望、交头接耳，而家长也发现孩子放学回到家写家庭作业拖沓磨蹭……

小学一二年级，学的内容不难，作业也不多，但有的孩子能从下午5点钟写到晚上8点多钟。

当家长意识到孩子专注力不够，却不知道怎么办，甚至很多老师和家长认为孩子可能有多动症，老师会建议家长带孩子去看医生。

尽早关注育儿知识

大部分父母，都是在孩子3岁以后，才发现孩子出现了很多问题。原来教育孩子并没有那么容易，在自己确实没有办法的情况下，把父母教育自己的方式全部用了一遍，发现仍然不起作用，于是就开始紧张、焦虑了。想要避免这种情况，提前学习育儿知识很有必要。

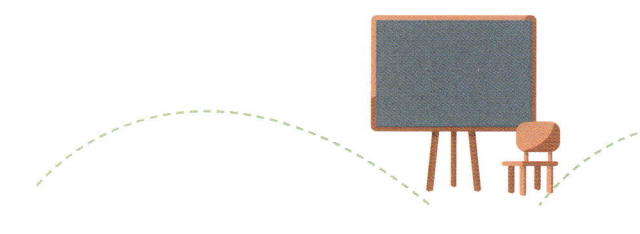

什么是感统失调

感统失调全称为"感觉统合失调",又称为"神经运动机能不全症"。由于大脑左右脑功能失调或者不平衡,外部的感觉刺激信号无法在大脑神经系统中进行有效组合,从而导致人的机体不能和谐运作,存在认知能力与适应能力障碍。这种情况常常发生在儿童身上。造成这种情况的原因可能是先天性的,也可能是后天性的。先天性原因比较常见的是孕妈妈服用药物、分娩时压迫、胎位不正、早产;后天性原因比较常见的是孩子接受的外部刺激不足、没有经过爬行阶段直接学习走路、缺乏儿童自由活动时间,以及生活习惯不规律、育儿方式不当等。

·感统失调有哪些典型表现·

📢 第一,本体感觉失调。

全身较软,躺下时头、颈、脑很难提起,坐着时也会东倒西歪。此外,孩子无法控制力度与速度,有时大力损坏物品,有时无力提起物品,走路或者跑步的时候,没有办法按要求停下来。与同龄人相比,缺乏自信,语言表达能力差。

📢 第二,前庭感觉失调。

和同龄人相比,前庭感觉失调的孩子会更加喜欢转圈圈,而且还不会有头晕的感觉,这样的孩子也喜欢看一些转动的物体。这类孩子多表现为平衡能力差,走路的时候经常东倒西歪,容易跌倒。此外,在课堂上学习的时候,他们也无法集中注意力,小动作较多。

📢 第三,视觉系统失调。

孩子经常斜着眼睛看东西。学习上,对于数字、文字、图形等知识学了就忘,无法形成记忆,写字时偏旁部首颠倒,甚至不识字,没有办法进行流利的阅读,经常跳读或漏读,出现多读字或少读字的情况。

📢 第四,听觉系统失调。

孩子可能经常会表现出不分场合地无端尖叫或自言自语,别人和他说话的时候,他的表现是注意力不集中,而且还没有任何的反应。

📢 第五,触觉系统失调。

这样的孩子通常紧张孤僻而且很不合群,特别害怕陌生的环境,过分依恋父母,上幼儿园的时候非常容易产生分离焦虑。当孩子处于紧张的状态之下,会无意识地吮吸手指、咬指甲,还会出现脾气暴躁的情况。

典型案例

几乎被劝退的小孩

一位妈妈来我的工作室做咨询。她的女儿4岁多，老师反映孩子在幼儿园坐椅子还没超过3分钟就开始摇椅子；老师正在上课，孩子站起来就四处乱逛；中午吃饭时东张西望，所有的小朋友几乎都吃完午饭了，她还没吃几口；老师的绘本还没有讲完，孩子就跑去玩滑梯了……老师已经无计可施了，只好让妈妈把孩子接回家自己带。女孩的妈妈说："这不就是让我们退学嘛，才上幼儿园就被退学了，以后可怎么办呢？"

我拿出一个感觉统合的测量表格，让这位妈妈填一下。妈妈填完后，我拿过来一看，就意识到这个孩子不仅仅是注意力不集中的问题，视觉和听觉都有一定的问题。我就对这位妈妈说："你的孩子是因为感统失调而导致的注意力不集中，有可能是感统失调边缘多动症。"这位妈妈立刻就着急了："我孩子有多动症吗？"

"您别着急，这只是大致的判断，您可以带孩子去医院做详细的检查，况且这个问题和多动症还不一样。"我急忙解释着。

"有什么不一样，不就是多动症吗？"这位妈妈越说越急。我赶紧给她解释了一下感统失调。

我对这位妈妈说："可以对照这些相关的知识，在生活中观察孩子，看孩子身上有没有相关的症状表现。当然我建议您最好带孩子去医院，以便得到更切合实际的治疗方案。"

她一边哭一边说："这些知识我是第一次听说，我的孩子没有办法治疗了吗？是不是以后一直都会这样？"

"这些都是可以调整的，孩子越小越容易得到调整，您也不要太过焦虑了，相关方案只要您能坚持，这些情况就会得到改善。"

小百科

儿童感统失调现象很普遍

有调查显示，全国约有80%的儿童存在着不同程度的感统失调问题，重度感统失调占比30%左右。当然，感统失调的儿童都是可以通过专业训练进行改善的，只要能够坚持，得到改善的概率非常大。很多家长都没有意识到问题的严重性，认为等孩子长大了自然就好了，听之任之，从而错失了感统训练的调整时期。通常儿童在12岁之前通过感统训练都可以纠正过来，年龄越小越容易调整。

轻度感统失调训练方法

如果孩子只是轻度的感统失调，父母就可以自己带着孩子在家做一些感统训练的小游戏，比如买个简易蹦床，让孩子在蹦床上蹦跳，这有助于孩子前庭觉和平衡感的发展；让孩子俯卧在被单里，父母抓着被单四角抬高并轻轻晃动，可以提高孩子对空间的感知能力，提升本体感。当然，日常孩子的体育运动和手工制作，也可以成为家庭感统训练的道具，比如，跳绳、拍皮球，或者和孩子一起做七巧板的游戏。

中度或重度感统失调需要去专业机构

如果是中度或重度感统失调，建议父母带着孩子去专业的感统训练机构做恢复训练。第一，很多父母没有相关的专业知识；第二，有些感统训练游戏需要比较大的场地，家庭空间一般比较小，没有办法进行；第三，有些训练要结合感统训练的器材进行，有些感统训练器材价格不菲，而且家庭感统训练不能解决感统失调比较严重的问题。接受系统化、科学化的指导，才能做到事半功倍，快速改善。

感统知识提前学，有备无患

当然，如果家长能提前学习相关知识，就能把那些可能出现问题的小火苗在燃烧之初掐灭。提前学习感觉统合知识还有一个好处，就是万一出现相关问题的时候，家长不会过度焦虑，病急乱投医。近几年，家长因为自己没有感觉统合的相关专业知识，被一些不专业的感统训练机构欺骗的情况时有发生，所以建议各位家长朋友勤学习、多学习，提前学习一些育儿知识。

0~6岁孩子专注力时长参考表

年龄	专注力时长	表现形式
2岁以下	无意注意	被周围的物件、声音、色彩所吸引并关注
2~3岁	5~8分钟	会多次重复一个或几个动作，能和父母一起阅读简单的绘本故事
3~4岁	8~10分钟	可以独立阅读绘本，会自己搭建积木
4~5岁	10~15分钟	基本做到完全亲子分离，逐渐形成独立思考能力
5~6岁	15~30分钟	会控制自己的情绪，具有良好的语言表达能力
6岁以上	30分钟以上	可以独立阅读文字书籍，具有较强的逻辑思维能力

孩子感统失调的原因

感统失调的情况有很多是后天造成的。比如,父母太过忙碌,陪伴孩子的时间比较少,造成了孩子右脑感官刺激不足;如果出生之后没有让孩子经过爬行阶段就直接学习走路,也会造成感统失调。

★ 不要用学步车

孩子的感觉统合出现失调,大部分是后天因素导致的,这是很多父母并不知道的实际情况。

比如,很多父母会让孩子用学步车学走路,实际上并不是所有的孩子都要用学步车才能学会走路。在没有这个工具之前,难道孩子们学走路就比其他孩子慢半拍了吗?每个孩子的情况都是不一样的,有些孩子可能在不到1岁的时候,走路就很稳了;但有些小朋友却要到1岁4个月的时候,"底盘"才能稳定……所以应根据孩子的实际情况去做引导。

这些年,由于受"不能让孩子输在起跑线上"这句话的影响,有些父母看到自己的孩子学会走路比别的孩子早一些,都要骄傲上一阵子。

几年前,我遇到一位妈妈,她孩子正在使用学步车,而且孩子可以带着学步车飞速地转动。妈妈特别骄傲,和我说:"小于,你看我儿子多厉害,驾个学步车就像踩风火轮一样。"我哑然失笑,这是孩子感统失调的一种表现,妈妈不懂得这些相关知识,还以为自己的孩子表现比其他孩子好,骄傲得不得了。但等到孩子上了幼儿园和小学以后,一旦看到孩子注意力不集中,上课分心走神,写作业出现很多问题,又会责怪孩子这也不行那也不行,怎么专注力就那么差。

孩子大一点后,有些家长不管孩子做什么,都会按照自己的想法打断孩子,让孩子无法专注于自己的事情,这样孩子的专注力怎么可能会提高呢?

典型案例 ❶

要对孩子设置固定的原则

我妹妹自己开了一家美术书法培训机构，10年间，大约培训了12 000个孩子。有时候会跟我聊一些小朋友的情况。

听妹妹讲，有个5岁的小男孩，还在上幼儿园大班，父母为了让孩子能够提前适应小学生活，就给孩子报了书法课。孩子每天来上课都是奶奶送来的，大部分家长送孩子来上课以后，就会离开，等孩子差不多要放学的时候再来接。但这位奶奶每次送孩子来上课以后，就站在外面透过玻璃门看着孩子。这个孩子注意力本来就不集中，经常一会看看其他同学，一会走出去看后边的同学。孩子上课不到20分钟的时间，奶奶就要进教室，老师赶紧拦住奶奶，告诉她现在是上课时间，家长不能进入教室，奶奶却说到她孙子喝水的时间了，搞得老师哭笑不得。奶奶一出来，妹妹就和她聊起了天，问孩子每天放学回到家里都会做些什么。奶奶就说："看动画片，一看就看上一两个小时，要不然就玩平板。"妹妹就告诉这位奶奶："要少让孩子看电视、玩电子产品。"

而且这还不算什么，课间休息的10分钟，奶奶就往孙子嘴里塞各种各样的食物，孩子不让她喂，经常跑到走廊上面去，然后就上演一出奶奶追孙子的大戏，引得很多家长和工作人员出来围观。自从妹妹给了这位奶奶不要追喂孩子的建议后，这种问题才稍微缓和了一些。

- **不要给孩子用学步车**
  孩子走路有早有晚，过早地干预会影响孩子的感觉统合。

- **不要事事包办**
  对孩子过度保护，事事包办，导致孩子接受的信息不全面。

- **设置原则**
  不能无限制地惯着孩子。

温馨提示

生活在城市的孩子，活动范围比较小，大人对孩子过度保护，事事包办，导致孩子接受的信息不全面，从而影响孩子的感觉统合。

⭐ 过度保护的危害

大部分父母都没有意识到这些问题的重要性，一味地对孩子过度保护。孩子已经上了小学二年级，却从来没让孩子动手洗过碗，也从来没让孩子帮忙做过其他家务。甚至有些已经上了小学的孩子，每天穿衣服还是父母在帮忙，仿佛孩子自己什么都不会做一样。大部分这样做的父母，认为这是在爱孩子，并不知道自己这种行为会给孩子的未来造成多大的影响。

作为父母，尤其是妈妈们，要学会锻炼孩子。父母要养成向孩子示弱的习惯，一样家务，你不去做，家里总得有人做，这样就会推动孩子在家里主动做事情的能力，而不是饭来张口、衣来伸手。

⭐ 父母包办非常影响孩子的成长

父母不养成放手的习惯，孩子什么时候才能长大呢？可是大部分父母都没有意识到包办代替是一个教育误区，这很不利于培养孩子独立的能力。

孩子来到这个世界的每一天，都在不断学习和成长，总要经历从不会到会的过程。孩子自己动手去做了，才会去思考下一次怎么做才能做得更好；只有自己亲身体会了，才能知道父母做这件事的辛苦之处，才能体谅父母的难处；只有孩子亲身去感受做事的过程，才能知道并不是做每件事都是同一个流程。只有这样，孩子才会不断去总结经验，在下次做事的时候主动去找新的突破。

父母一味地包办代替，会让孩子失去一个又一个学习的机会。时间长了，孩子的动手能力得不到提升，对孩子的学习和生活都会产生巨大的障碍。

典型案例 ②

父母过度保护孩子

暑假里越越的班主任组织了一次活动，我报名做了这次活动的义工老师。我们到了一个农庄，向农民买了一些食材，准备让孩子们自己做饭。我们五位义工老师就是孩子做饭的指导老师。我们安排了孩子们拾柴火、洗米、择菜，还有切肉。本来事先说好的，家长不用同行，结果20多个孩子，有12个家长同行。所以班主任徐老师一开始就告诉同行的各位家长，不能帮孩子做事情，一定要让孩子们自己去做。

当孩子们开始去做事情的时候，已经有几位家长冲过去了。那个洗米的孩子妈妈突然惊叫了一声："哎呀，你把米都冲出去了，这不行的，我来吧。"还有去帮孩子拾柴火的，而帮孩子切肉的那位家长说，她家孩子从来就没有拿过菜刀，这么重的菜刀孩子是拿不住的，切到手可怎么办？

结果，我们5位义工老师成了多余的了。

包办代办损失大

父母要放手让孩子去做事，合理地给孩子安排相应的家务，不要担心孩子会误伤自己。包办比误伤的损失大得多。

只要孩子愿意去做，我们就允许孩子去做。孩子做事的过程中，父母可以选择去做一些其他的事情，以免看到孩子做得不够好或者搞砸了的情况下，会脱口而出"这样做是不行的""你看我就知道你肯定做不好""这样做是错的""不是这样的"等这些批评的语言，让孩子备受打击。当孩子去做事情的时候，哪怕他摔倒了，或者把米倒了一地也没有关系，父母要给予孩子鼓励和认可，帮助孩子建立自信心。

只有不断尝试才能有坚强的毅力

孩子独立的思考能力，需要在动手的过程中，对一些有难度的事情，通过一次又一次的尝试，才能拥有。虽然有些时候孩子所做的事情，并没有达到父母或者老师的要求，但是孩子从实践的过程中却锻炼了独立思考和创造的能力。

达·芬奇之所以能够获得成功，不仅仅靠他的绘画天分和热爱，更重要的是通过一次又一次观察、体会鸡蛋在不同的角度、不同光线下的状态，锻炼出来的意志力和耐心。

包办代办可能养出"啃老族"

苏格拉底说："一个人是否有成就，只看他是否具有自尊心和自信心两个条件。"有多少孩子因为缺乏自信心而丧失了良机呢？

如果一个孩子从小到大，凡事都是父母安排，父母来做，那等到孩子以后长大了，如果父母不去安排他的生活和工作，孩子就会抱怨父母为什么没有替他安排好一切。近几年"啃老族"经常出现，这就是父母无条件包办代替、替孩子扛下一切的结果。父母这样做，不仅仅害了孩子的一生，也害了自己。

- 包办影响孩子独立思考的能力

  孩子的思考能力是在动手的过程中，经过一次又一次的尝试才拥有的。

- 包办不利于锻炼孩子的毅力

  毅力是靠坚持练就的。包办不利于孩子毅力的形成。

- 包办可能会导致孩子啃老

  等到包办的孩子成年，可能会抱怨父母为什么没有替他安排好一切。

> **温馨提示**
>
> 父母希望自己的孩子将来能够有所成就，就要养成放手的习惯，让孩子自己去做。孩子只有看到自己能够做到的时候，才会拥有成就感，然后才会增强自信心。

发现孩子感统失调，父母要先调整自己

很多父母一听到"感统失调"这几个字，就会很慌张。其实感统失调只是发育障碍或者是因为左右脑不平衡而导致孩子平时无法做出一些正常的动作，或者爱动、专注力不够等。感统失调不是真正意义上的病症，通过适当的训练可以纠正过来。

父母耐心细致，很多问题都会迎刃而解

当父母发现孩子有感统失调的问题时，不要过于焦虑。只要父母做好正确引导，细心对待，找到正确的方式，经过一段时间的调整，孩子会表现正常的。

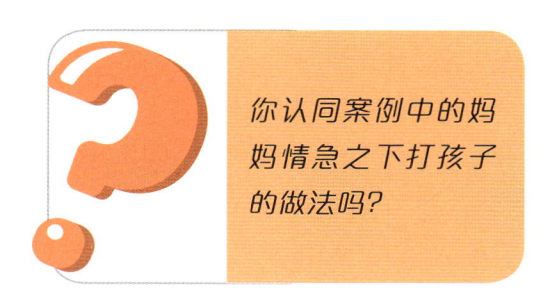

你认同案例中的妈妈情急之下打孩子的做法吗？

典型案例

当问题孩子遇上忙碌父母

越越上小学时，班级里有个男孩叫周梓轩，曾经很长一段时间是越越的同桌。这个孩子从上一年级开始，行为和班级里其他孩子就不一样。

有一天我去接越越放学，听越越说周梓轩上课的时候突然尖叫，同学越不让他叫，他叫得越大声。等到徐老师在隔着几间房子的办公室听到叫声并走进教室的时候，整个教室已经乱成一锅粥了，有几个男孩把周梓轩死死地按在桌子上。

徐老师让所有人都回到座位上去，什么都不说，一直看着周梓轩，大约10分钟，这个孩子终于安静下来了。徐老师通知了梓轩妈妈，梓轩妈妈很快就到了学校。徐老师本来准备迎出去，但梓轩妈妈快速走进教室，走到越越和梓轩共坐的桌子边上，伸手就给了孩子一巴掌，这一巴掌让徐老师都懵了。

一个9岁的孩子被打了巴掌，不但不哭，还死死地瞪着妈妈。

说完这些，越越问："妈妈，你能帮帮梓轩吗？"

"你希望妈妈帮他什么呢？"

"他不是第一次被他妈妈打了，听他说他妈妈经常打他。因为他妈妈说他是一个傻孩子，脑子有问题，而且他在班级里经常像今天这样尖叫。"听到这里，我下定了决心。

其实我和梓轩妈妈很早就认识，那会我们一起做过家委会的志愿者，只是后来我工作忙，联系就少了。以前见面，梓轩妈妈不爱说话，可能担心我会知道她家里的一些情况。

我给徐老师留言，问梓轩和他妈妈是否需要我的帮助。徐老师说她先和梓轩妈妈聊聊，看她是否愿意接受帮助。

周五的时候，梓轩妈妈约我在我的工作室见面。其实，梓轩妈妈比我还年轻几岁，但是一脸的倦容，看着比实际年龄要大上五六岁。

我们两个妈妈就聊起了家常。我了解到原来梓轩从小就比较调皮，上了幼儿园，貌似除了睡觉的时间，一刻都停不下来。每次幼儿园的老师让大家排队，他从来不排队，一会儿逗逗这个同学，一会儿推一下那个同学。梓轩妈妈也和孩子讲道理，讲故事，希望孩子能够有所改变，在孩子专注力差的问题上也付出很多的时间和精力，但是总不见成效。等到孩子上了小学以后，再遇到这样的问题，妈妈就是打孩子一顿，每次打完，孩子都能安静个10分钟左右，然后立马又会恢复原形。

我询问了一下梓轩的学习情况。梓轩妈妈说孩子阅读能力不行，容易跳行漏字。我就问她：知道孩子是感统失调吗？梓轩妈妈说知道，孩子上幼儿园中班的时候他看过医生，也去一些专业机构咨询过，但由于机构的收费已经大大超出了他们的承受能力，所以就没有去机构给孩子做感统调整训练。

他们家里一共有3个孩子，梓轩是老大，夫妻俩都在上班，偶尔还要加班，因为家里也没有老人能够帮忙照顾孩子，2岁的老三已经被送到幼儿园了。即使他们有心想给孩子做一些感统训练，也没有时间和精力。

案例分析

打孩子不能解决问题

我给梓轩妈妈的建议是：让孩子做一些简单的训练，比如，和体育老师沟通，上体育课时让孩子多跳绳，锻炼孩子的协调能力；周末的时候，3个孩子一起去走比较窄的花坛；3个孩子一起玩游戏的时候，加入感统训练的游戏。父母如果没有时间，刚开始的一两次游戏要参与，后面就引导孩子们自己做。

其实我和梓轩妈妈沟通最多的问题就是孩子是否可以打。梓轩妈妈说，她已经习惯了，在孩子做错事情，或者是表现得特别调皮的时候，都会打孩子。她觉得这是一个有效且快速的解决方式。

我就问她：这个方法有效吗？持续有效吗？她就一直低着头不说话。身为母亲，我能理解她的心情，照顾3个孩子，自己又要上班，确实是一件不容易的事情。

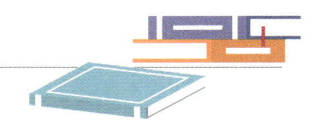

我就告诉她，下次再想打孩子的时候就把这些想法找个笔记本写下来，有时间了去看一看自己当初写的那些话，复盘一下自己当时的情绪。如果自己没有办法也可以找我，我来帮她做复盘。

这次聊过以后，她就放下了顾虑，不但能和我深度沟通，也迫切地希望能得到我的帮助。

这次之后，我们每周都会发微信。我了解了梓轩的锻炼情况，也了解了梓轩妈妈的情绪变化。她也会向我倾诉自己近期的遭遇，后来我们成了无话不谈的好朋友。

梓轩真正有变化是在小学五年级的时候。有一次越越和我说，他们这个月重新排座，梓轩又和她同桌了。越越说梓轩变化特别大，不尖叫了，也不跑来跑去了，可以安静地写作业、复习功课了，而且学习成绩也越来越好了，也没再说过梓轩妈妈会打他的事情了。通过越越的描述，我大致了解了这个孩子的变化。

信心 + 坚持 + 正确的方法 = 想要的结果

感觉统合的能力可以通过很多游戏的方式去调整。只要我们坚定信心，通过正确合理的方式去做针对性的训练，90% 的孩子都能够恢复到正常的状态。

大人要先调整自己

每个孩子都是好孩子，孩子的不同表现其实在于父母遇到教育问题的时候，以怎样的态度去对待这件事情。尤其是对于感统失调的孩子，他们更需要的是父母正确的引导方式和帮助。只要父母能够调整好自己的情绪，正确面对，问题都是能够迎刃而解的。

> 遇到问题孩子，有多少父母能撑住心态不崩呢？

> 对于感统失调的孩子，更需要父母耐心和正确的引导。

专注力是影响学习成绩的关键

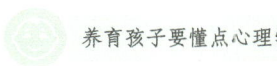

有的父母在孩子学习出现问题时，很容易陷入误区——认为孩子挺聪明，就是不好好学习。其实影响学习成绩的关键因素并非只有智力，还包括专注力在内的五大学习能力。

每个孩子都有各自的特点

每个孩子在很小的时候，可能都会显露出自己天生的优势能力。心理学家通过跟踪观察发现：有些孩子很小的时候就很擅长拿笔作画，看见一张图，从他自己的视角，分析得头头是道，而有些孩子从小对数字很敏感。

影响学习成绩的五大能力

父母要想培养出一个学习成绩比较突出的孩子，重点不是教授孩子知识和技能，而是要培养孩子的五大学习能力：专注力、观察力、思维力、记忆力、阅读力。

其中排在第一位的是专注力，也叫"注意力"，是指孩子在学习的过程中，要把自己所有的关注点都放到学习本身上来，耳朵能选择听老师讲课，而不是听同学说话；眼睛能看老师黑板，而不是瞄文具盒里的东西等。这样学习内容可以有效地映射入孩子的脑海中。

专注力差的情况不会随孩子的长大而变好

大部分父母发现孩子注意力不集中，可能有这样的认知误区："孩子长大以后，他自己能懂得学习的重要性了，自然就会好好读书的。"事实上，专注力不会随孩子的长大而变好。如果在孩子12岁之前，父母不对孩子的专注力进行相应的训练，对孩子的影响是很大的，不但学习能力会受到影响，而且自理能力和心理也会受到影响。

- **注意力不集中对学习影响很大**
  会影响阅读、书写、记忆、反应速度、敏捷性以及逻辑思维。

- **注意力不集中，钻研能力会很差**
  孩子可能无法集中精力研究一道题。

- **注意力不集中还会影响人际关系**
  孩子可能经常会和小朋友产生矛盾和冲突。

专注力差事倍功半

某机构对1 000多个注意力不集中的孩子进行了长达10年的跟踪发现：孩子注意力不集中会严重影响他们的阅读、书写、记忆、反应速度、敏捷性以及逻辑思维的正常发展，导致孩子很难胜任难度比较大的学科知识或技能学习，影响其他学习能力的积累，同时还会严重影响孩子上课的学习效率。孩子上课无法专心听讲，容易走神、发呆，或者被其他跟学习无关的事情所吸引，对老师的讲课内容一知半解，这就导致孩子写作业拖拉磨蹭，效率低下到难以完成课堂和家庭作业的程度，最终会导致孩子学习成绩下降。

走神2分钟，补课10分钟

专注力不强的孩子，学习能力相对来说就会差很多。比如，一节课45分钟，如果孩子经常注意力不集中，走神2分钟，就需要课后10分钟补回来。而且这2分钟还有可能关乎着后面需要学习的内容，一旦没有听到，这节课之后的内容可能都会受影响。

专注力受损危害大

孩子注意力不集中，对某一问题的钻研能力就会很差。比如，在解数学证明题时，孩子刚读完这道题，就看到下面一道题，觉得自己有点熟悉，自然而然就放弃了前一道题。这样下去孩子的钻研能力就会越来越差，而且对一件事坚持的时间也会越来越短。

孩子看电视的时候，父母怎么叫他，孩子都不讲话。很多父母竟会觉得，这是孩子专注力好的表现。实际上，这正是因为孩子的专注力不足而造成的。专注力受到损害的孩子是没有办法一心两用的，不能同时处理多件事情，所以他们只会沉浸在自己很感兴趣的事物上。

温馨提示

在当下，孩子的学习成绩是非常重要的，而孩子的学习成绩如何，与他的专注力有着直接的紧密关系。

一定不要忽视孩子以下这些表现

第一，孩子注意力不集中，他的人际关系会比较紧张。

比如，他不愿意和别人分享自己的东西，经常会和小朋友产生矛盾和冲突，或者有暴力倾向；父母或老师对他有要求，孩子经常不听，如此反复，可能会导致父母或老师情绪失控；父母在和朋友聊天的时候，孩子会经常跑过来打断他们；一遇到新鲜事物就会被吸引，抗诱惑和干扰的能力差。以上这些表现，可能会导致孩子的人际关系恶化，继而影响孩子的情绪健康和人格健康。如果父母处理不当，孩子还会产生严重的心理问题，比如，孤僻、自闭、抑郁等问题。

第二，注意力不集中的孩子，很难接受学习纪律和规章制度的约束。

这样的孩子，自我控制能力相对来说比较弱。这样一来，发生在孩子身上的问题就会逐渐增多，比如，打骂小朋友，还有可能具有很强的攻击性。

典型案例

我教学的时候班上有个孩子，就因为他的语文书掉在地上，被同学不小心踩了一脚，他就开始骂对方，对方道歉后，他仍然是不依不饶，导致冲突升级。这个孩子就拿出一支削得很尖锐的铅笔，追着那个孩子跑，一副不追上对方、不捅对方一下子决不罢休的样子，被我拦下来后还很不服气。我把孩子父母叫来学校，才知道这个孩子有感统失调边缘多动症，也就是说这个孩子专注力是非常差的。这样的孩子，如果在两三岁的时候就发现问题，调整起来也不难；如果过了9岁以后，就很难调整了。

第三，专注力不够的孩子，自理自立能力也会比较差。

比如，你和孩子说："儿子，你把房间打扫一下。"刚开始的几分钟他可能还在认真做，5分钟之后，他可能就去做其他的事情了；如果你让孩子整理自己的房间，按照一定的顺序去做，20分钟后，你会发现，整个房间仍然杂乱无章，可能他还在盲目地玩耍，比如，坐在转椅上疯狂地转动，根本停不下来。如果你认真观察，你会发现，这样的孩子会经常在睡梦中醒来，睡眠也缺乏规律。

第四，孩子的自信心不足。

孩子上了小学四五年级后，在日渐加重的学业要求和升学的压力下，自信心就会越来越差；专注力不够也会导致孩子被误判为多动症，很容易被老师或者父母认定为问题孩子。这种不被老师和父母认同的感觉，让孩子倍感受挫。如果父母意识不到这些问题对孩子成长的严重影响，就很有可能导致孩子抑郁，乃至于自残、自杀。

那父母要怎么保护好孩子的专注力呢

📢 **首先，要给孩子自由的空间。**

有时候，孩子是想专心去做一件事的，但是父母却总是会打断孩子。比如，孩子在专心玩积木，父母走过来打断孩子，让孩子喝点儿水，或者父母想按照自己的想法让孩子搭积木。父母每次自以为是的善解人意，其实都是在破坏孩子的专注力。所以，当孩子专心做一件事时，父母应当不打扰、不指责，甚至可以不和孩子说话。

📢 **其次，父母要成为一个观察者、参与者或者引导者，但绝对不能成为干扰者。**

孩子在画画时，可能会出现一些不尽如人意的情况。比如，线条画得不准确或者颜色不够亮，父母不要对孩子指手画脚。当孩子休息的时候，可以和孩子一起探讨关于这幅画的观点，从中引导孩子去发现自己的错误。

📢 **再次，凡事让孩子自己做决定。**

孩子虽然年纪小，但并不代表他们没有自己的想法。我们要把做决定的权利交给孩子。父母每替孩子做一个决定，其实就是在阻碍孩子自我思考的能力。举个例子：如果孩子正在做一道数学运算题，算了半天都没有计算明白，很多父母看着孩子就很着急，恨不得上去替孩子做了。其实这个过程正是孩子专注力集中的时候，不应该被打扰。父母可以设身处地地想一下，如果你自己正在专心致志地做一件事情，有人忽然过来插手干预，你是什么心情？所以，父母一定不能用"为了孩子好"这样的理由去打扰孩子。

温馨提示

对于注意力不集中的孩子，父母的关心就显得尤为重要了。注重提升孩子的注意力迫在眉睫，不要让孩子因为注意力不集中而造成终生遗憾！

抓住专注力培养的黄金阶段，孩子自主学习不再困难

马克·吐温说："只要专注于某一项事业，就一定会做出使自己感到吃惊的成绩来。"在人学习的五大能力中，专注力是处在第一位的，这也充分说明了专注力对一个人一生发展的重要作用。

典型案例 1

错过的 2 年

有一天，多年的好友黄瑾来寻求我的帮助。

她的儿子不到 3 岁，当她带儿子去早教中心上试听课时，发现了很多问题。

开讲时，几个大约 2 岁的孩子一听见老师说"过来老师身边听故事了"就快速跑过去，抱起身边的抱枕或者玩具，认真地听老师讲故事。过程中老师偶尔提问一下，他们都能给予老师简单的回复。老师讲完故事后，又让孩子们把课前从书架上拿下来的故事书放回去，他们都能有秩序地放好。

而在第一次参加试听课的孩子中，有几个孩子几乎一刻都没有安静下来过，包括黄瑾的儿子。

自己的孩子马上要 3 岁了，她看到了差距，也咨询了早教中心的老师。老师说，孩子错过了专注力培养的黄金阶段，所以才会有这样的表现。这件事情让黄瑾很焦虑。

我把自己所知道的专业知识大致给她讲了一遍。告诉她，培养孩子专注力有 4 个重要的点，孩子上幼儿园或小学以后，就不至于出现那么多的问题。

📢 **第一，培养孩子的专注力，从阅读绘本开始。**

有些家长在孩子几个月大时，会把电视打开，让声音和画面陪伴孩子，以免孩子打扰自己。其实，在孩子 3 岁之前，尽量别让孩子接触电视，不然，可能培养出一个专注力不好的孩子。11 个月大的孩子，耳朵是非常敏感的，喜欢听各种各样的声音。这个时候，父母要坚持给孩子讲故事，或者阅读绘本，每天 15~30 分钟，帮助孩子养成良好的阅读习惯，这也是在培养孩子的学习习惯。如果孩子能够沉浸在故事当中，学说话的时候，偶尔能说出绘本里的词汇，这个孩子的专注力就养成一半了。

📢 第二，父母要有意识地锻炼孩子手指的灵活度和力度。

孩子是很喜欢和爸爸妈妈玩游戏的，比如5个多月的孩子，可能抓住父母的手指就会往自己嘴巴里放，父母可以装作拼命挣脱的样子，越挣脱孩子越想抓紧，这样可以锻炼孩子手指的力度。如果父母仔细观察，会发现孩子经常把自己的手指往嘴巴里送。这个时候是他的口腔敏感期，父母不要以不干净为理由，制止孩子，那样就破坏了孩子这个阶段的敏感期。孩子把手指放进嘴巴，实际上也能够起到充分锻炼手指的作用。孩子到10个月左右，父母可以准备一些废纸，和孩子一起撕，这个阶段的孩子特别喜欢听撕纸的声音。这个游戏孩子可以玩很久，这也是一个培养孩子动手能力和专注力非常好的一个方式。手指的运动，能够刺激人的大脑神经进行思考，各位父母要把握好这个机会，千万不要错过了。

📢 第三，买一些积木给孩子。

孩子3岁之前，我建议家长不要给孩子买太多玩具。比如，一箱子玩具全部倒出来，一个玩具玩了不到2分钟就又换另一个玩具，这样只会让孩子的专注力越来越差。另外，要少买电子玩具，可以给孩子买一些积木，让孩子自己搭建房子、花园，这样能锻炼孩子的手指灵活度、耐力和专注力。比如，拼接一辆汽车需要很多模块，动手的同时也锻炼了孩子的大脑。完成以后，孩子还特别有成就感，对孩子自信心的培养也非常有好处。

📢 第四，家长和幼儿园老师用自由游戏锻炼孩子的专注力。

幼儿园时期是能够很好地锻炼孩子专注力的。很多幼儿园都会有自由活动时间。我参观过深圳的一个幼儿园，他们的自由游戏做得很好，有脸谱、灯笼、皮影的制作，不但丰富了孩子的认知，锻炼了孩子的动手能力，同时在自由活动的过程中，让孩子们制作属于自己的玩具。完成后，每个孩子的作品都会被展示出来，让孩子们看到属于自己的那份成就。

孩子在幼儿园，不仅仅需要学会如何与其他小朋友相处，还需要学会自己动手动脑，培养专注力。

温馨提示

幼儿园的3年，可以通过手工制作锻炼孩子的动手能力，如果孩子能够懂得规则，养成有秩序的好习惯，孩子的专注力和创造力就会在这个阶段得到飞速的发展。

典型案例 ②

关于坚持的收获

越越4岁的时候学了尤克里里。其实在越越3岁以后,几乎每个周末,我都会带越越去教育城等越越小姨下班。一到教育城,越越就会主动拉着我去尤克里里的培训班看各种各样的乐器,并指着尤克里里说,她要学习。她每次带我去,我都会带她在里面待上40多分钟,让孩子体会一节课的时长,也会在一些孩子下课后,拉着小朋友的手给她看,告诉她,弹尤克里里手会很痛,问她能够坚持吗?她说可以做到。培养孩子专注力,其中重要的一点就是要做到有毅力,并能做到持之以恒。

半年后,越越开始了尤克里里的学习,一直到小学四年级学业难度增加,又面临调考时,越越才没有再继续学习。但这个坚持的过程,培养了越越很强的专注力。

★ 培养专注力需要父母的坚持

父母要多学习,勤学习,做到知行合一,才能培养好孩子的专注力。在培养孩子专注力的过程中,有很多的关键点,父母一定要了解。

可以培养一个让自己静心的好习惯,比如每天写字1个小时,或者是读书1个小时,远离电视、电脑和手机,让自己安静下来。

父母千万不要以为,培养孩子的专注力1年,孩子以后就会进入一个非常专注的状态。专注力是一个持续培养的过程,父母要想培养出一个在阅读时专注力能够保持1小时以上的孩子,付出的时间和精力会远远超过想象,可能需要父母花上几年时间去培养。所以父母应有耐心,坚持不放弃。

● **重视榜样的力量**

如果父母整天捧着手机玩得津津有味,又怎么指望孩子学习呢?

● **不要拿自己的孩子去和别人的孩子比**

每个孩子都是独立的个体,都有独特的关注点和兴趣,不要把孩子当成攀比的工具。

● **贵在坚持**

如果报了兴趣班,要持之以恒才有效果。

温馨提示

孩子专注力的培养,需要父母多去观察孩子、陪伴孩子,找到孩子感兴趣的方向,让孩子的专注力得到更好的锻炼。孩子的坚持就是父母的坚持,关键在于父母能否做到坚持。

⭐ 培养孩子专注力需要父母付出

想要孩子学习成绩好,首先要培养好孩子的专注力。

很多父母都说自己工作太忙了,没有时间陪伴孩子。但是在孩子敏感期的几个关键时间段,父母如果能够花一定的时间多去观察孩子,看看孩子在哪些方面有很强的专注力,就在哪方面着重陪着孩子去做,让孩子通过自己独立的思考和动手能力,达到沉浸的状态,才算真正地培养了孩子。具有专注力的孩子未来很容易养成匠人精神。培养孩子的专注力,父母需要做到以下几点。

📢 **首先,父母要做好孩子的榜样。**

现在已经进入一个智能手机时代,我们回到家吃完晚饭后会习惯性地拿起手机,这几乎成为每个人生活的一部分。但父母一定要知道,你们的所作所为时时刻刻都在影响孩子。父母千万不要忽略幼儿时期孩子超强的模仿能力。为什么一个四五岁的孩子使用智能手机那么熟练,这就说明父母可能整天沉溺于手机。所以父母要做到严以律己,有时间就多看看书,和孩子进行亲子阅读和亲子游戏,因为这是培养孩子专注力的一个有效方式。

📢 **其次,不要拿自己的孩子去和人家的孩子做对比。**

每个孩子的学习能力和节奏感都是不一样的,不要一看到别人家的孩子比自己的孩子强,就想方设法让自己孩子也达到那种水平。尤其是报兴趣班的时候,更不要去跟风。对于幼儿园阶段的孩子,艺术兴趣培养是非常必要的,父母可以通过观看名画、听名曲培养孩子的兴趣,兴趣是最好的老师。当孩子对某方面逐渐感兴趣以后,再给孩子报相应的兴趣班,孩子才能够坚持下去。

📢 **最后,贵在坚持。**

父母给孩子报兴趣班,一定要做到坚持,这样才能培养好孩子良好的专注能力。因为一些艺术类兴趣班对锻炼孩子的专注力有促进作用,坚持则是为艺术素养的培养添砖加瓦。当孩子专注力不够时,父母要观察孩子在哪些方面特别感兴趣,然后引导孩子坚持去做;同时还要把孩子学习科目的基础打好,再耐心引导孩子,在学习上也能够像爱好一样,有一定的耐心,并做到坚持,必然就会获得回报。

培养专注力很重要，但不能心急

做了这么多年家庭教育，在每次讲座结束之后，家长和我反映的问题大多是孩子写作业拖拉磨蹭、上课分心走神、学习成绩很差等。遇到这种情况该怎么办呢？

典型案例 1

专注力差影响效率

我在网上看到，一个小学生正在自己的书桌前写作业。爸爸一出门，孩子不是抠墙纸，就是抠橡皮，还没写3分钟作业，又想上厕所……15分钟的时间，孩子只用了5分钟来写作业。很多网友在下面留言"和我家孩子同款""我儿子也这样，一会上厕所，一会喝水，一会要吃东西，一会抠橡皮""我家的娃儿，昨天已经被我狂揍了一顿，写作业的时候，就像椅子长刺了一样，扭来扭去"……这些都是孩子写作业不专注的表现。这也从侧面表明：上课时间，孩子多半没有集中注意力认真听课，所以学习效率低，孩子的成绩自然也好不到哪里去。

★ 全神贯注很可贵

大部分人都喜欢做简单的事情，比如，扫地、刷碗，因为这些都不需要用脑思考。孩子比较小的时候，父母引导得好，孩子每次做完，父母都能给孩子鼓励，孩子就愿意主动去做。但是对于需要动脑的学习，即使父母帮助孩子归纳总结了，在写作业遇到问题的时候，孩子仍然不愿意动脑筋，总想着向父母求助，其实这也是孩子注意力不集中的一种表现。我们通常说做一件事情要做到"全神贯注"，就是要把所有的精力和精神都放在正在做的那件事情上面，不做成决不罢休，即使周围有人走动和说话也不会影响到他。

我在做家庭教育讲座的时候，80%的情况都会进入这种状态，当然这样的课程也往往会收获家长的掌声和鲜花。

苦吟诗人的专注力

之前和两位一线教学的老师合作写了一本书，刚开始的时候我的心就静不下来，三天打鱼，两天晒网。那几天正好看到了唐朝诗人贾岛的一个小故事：贾岛骑着驴，忽然来了灵感，吟了两句诗"鸟宿池边树，僧推月下门"。贾岛正在高兴之时，又觉得下句"推"字不够好，既是月下的夜里，门早该关上，恐怕推不开了，不如改为"僧敲月下门"。心里这么琢磨，嘴里也就反复地念着"僧推""僧敲"，手也不知不觉地随着比画起来。这时，唐宋八大家之一的著名文学家、京兆尹兼吏部侍郎韩愈的仪仗队，恰巧从贾岛走的路上经过，前呼后拥。按当时的规矩，大官经过，行人如果不回避就等同犯罪。贾岛这时正沉浸在他的那句诗里，竟没有发觉，等队伍走近时，想回避也来不及了。贾岛当即就被差役带到韩愈的马前。韩愈问明原委后，不但没有责备贾岛，还很称赞他认真创作的态度，并且给了贾岛建议。两人从此成了朋友。

我深深懊悔自己之前没有专注于写作，于是用了几天的时间来搜集资料，根据最初的列表进行酝酿，不到半个月就写完了计划中的那部分内容。

★ 工匠精神的内涵之一就是专注

当然，每个人的情况不一样。我见过一个作者，一篇不到1万字的文章要写上2个月，他的构思非常成熟，写写停停，停停写写，但只要一开始写作，就会非常专注，当然这样的作品也是非常受欢迎的。这样专注的能力，其实每个人都能够拥有，只是看父母能否在孩子成长的过程中去引导他们这样去做。

● **做很多事都需要全神贯注**

做事都需要全神贯注，比如，写作、讲课等。

● **不要怕孩子执拗**

用对地方，就是专注力。

● **专注力会带来意想不到的收获**

贾岛因为专注于推敲文字，结识了当时的名流韩愈，并创作了千古名句。

温馨提示

专注力并非神奇的能力，可是，很多人都不能专注地做一件事，以至于很多时候一事无成。其实，专注是一项非常重要的能力，只要努力，就可以做到。

⭐ 要注意保护孩子的专注力

专注的能力，人人皆具备，只是看有没有被开发出来并维持下去。

大部分父母不知道的是，很多孩子刚出生的时候是有专注力的，但这些能力却在教育的过程中，不断地被父母破坏掉了。

孩子的专注力不仅需要父母的保护，更需要在孩子小时候进行专注力的训练，这样在后期学习的过程中，才能够发挥作用。如果一个孩子没有专注力，智商再高，他能取得好成绩的概率也很低。

⭐ 磨刀不误砍柴工

讲课的时候，我常常会和家长说"磨刀不误砍柴工"。家长在课后也会和我说："我的孩子已经上小学五年级了，现在想慢慢磨刀都没有时间，只能用不太锋利的斧子去披荆斩棘了。"

我能够理解家长的意思——自己没时间，孩子也没时间，所以没有工夫去磨刀。但是，当下不停下来磨刀，用这么钝的斧子前行，等到孩子上了初中、高中，能起到什么样的效果呢？可想而知，效果一定更加不好。

⭐ 培养专注力，父母要知行合一

对于教育，知行合一才是对父母的挑战。那是因为做父母的都很难专注，关注点太多：孩子的吃、穿、住、行，孩子的老师又在群里呼叫我了，孩子的成绩又下降了，孩子和同学打架了……这些已经把父母的注意力分散了，所以父母才会认为没有时间停下去磨刀。哪一天孩子抑郁了、出问题了，父母才发现，不停也得停下来了。

⭐ 父母要专注于解决最重要的问题

要带孩子停下来，先把刀给磨快了，等孩子的专注力培养起来了，再拼尽全力地去竞争。到那时，想不拿好名次，想不考高分都很难。父母专注于解决对孩子来说较为重要的问题，才能够让我们在知行合一的育儿路上拿到好结果。

当孩子上了初中以后，学习科目增加，学习的内容难度增加，我们希望孩子在每个学习科目上都能够有所收获。这需要孩子在学习所有的科目时都能够全身心投入，这种投入能够帮助孩子去克服每个科目的困难和挑战。

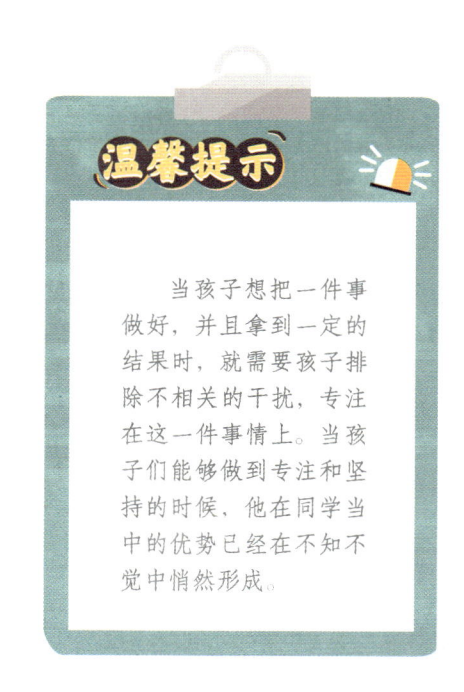

> **温馨提示**
>
> 当孩子想把一件事做好，并且拿到一定的结果时，就需要孩子排除不相关的干扰，专注在这一件事情上。当孩子们能够做到专注和坚持的时候，他在同学当中的优势已经在不知不觉中悄然形成。

第五章

如何培养孩子的自主学习力

每次讲座讲到自主学习力,来听课的家长都很多,因为自主学习力是每个家长都希望自己孩子能够拥有的能力,但这种能力又是很多孩子缺乏的。孩子的自控力比较差,成了这个时代家长焦虑的主要原因。很多家长认为孩子自控力差,不能主动学习是手机成瘾造成的,实际上这不是根本原因。本章为家长拨云见雾,帮家长找到培养孩子自主学习力的有效方法。

孩子自主学习力的基础是自信

每个父母都希望孩子是自信的，无论是与人交往还是做事、学习，但往往事与愿违。自信不是孩子天生就具有的，而是后天培养出来的。孩子自信还是自卑，关键在于父母的教育方式。

孩子是否出色，取决于父母

孩子长大能否成为一个出色的人，决定权在父母的手里。当然，这又取决于孩子人生这栋"高楼"的"地基"是否打得足够牢固。如果底层能力不够，即使"高楼"盖起来了，外力冲击过大的时候，这栋"高楼"也会岌岌可危。

孩子底层能力的基础就是自信。自信决定了孩子人生这栋"高楼"能够达到的高度，也决定了孩子未来的幸福指数。

典型案例

自卑的少年

2021年5月，有对夫妻来到我的工作室做咨询。孩子已经13岁了，外形高大帅气。孩子一直低着头，也不爱说话，只有进来的时候简单打了一声招呼。孩子的爸爸是深圳某公司的高管，妈妈是金牌会计师。理论上来说，这样的父母培养出的孩子应该是成绩优异的好学生，但事实却恰恰相反。

我和孩子沟通的时候，孩子表现得畏畏缩缩，看上去很胆小的样子。我就敞开心扉和孩子聊我的学生生涯，聊同学之间那些搞笑的事情，有了他感兴趣的话题，孩子的话匣子也就打开了。其实这孩子还是很开朗的，而且逻辑思维也是非常清晰的。

当我们聊到父母教育他的方式方法的时候，孩子慢慢就开始沉默了。我找到了孩子出现问题的关键后，和孩子的父母进行了深入的交谈。

因为父母光环太过耀眼，所以孩子从小就被寄予厚望。孩子上了幼儿园以后，父母给他报了很多兴趣班，希望能够从中找到孩子比较擅长的方面进行培养。带孩子的老人经常说的话就是："好好学习，长大以后考个清华北大，你将来一定能够超越你爸妈的。"

案例分析

孩子成绩下降的原因

案例中的孩子上了小学以后，时间少了，但兴趣班并没有减少，这导致了孩子在学习科目上的成绩不见提高。

父母用了很多方法调整都不见好，就特别着急。越着急情况越不好，等孩子到了小学五年级的时候，父母教育孩子更多的是指责、批评和唠叨，也试过物质奖励、许诺奖励，但全都不见成效。父母也不知道哪里出了问题，直到孩子的行为表现出了抑郁的症状，甚至出现了幻听，夫妻俩才开始着急，才想到寻求心理咨询师的帮助。

在咨询的过程中，他们甚至认为孩子平时的吃、穿、用度都比普通孩子好，不理解孩子为什么会出问题。

只有真正的兴趣爱好才能让孩子更自信。

有条件的爱

有条件的爱会表现在：孩子日常生活中的行为表现在父母眼里是听话的、乖巧懂事的，父母就给孩子笑脸；当孩子表现不好的时候，就批评、指责，甚至是嘲笑孩子。例如，孩子学习成绩好，或者是在其他方面表现优异，孩子要什么就给买什么。一旦孩子表现差了，孩子有一点要求，父母都不同意。

有条件的爱会造成什么后果

一个9岁男孩子的话让我难忘："我爸妈只喜欢懂事、听话、优秀、学习成绩好的孩子，我不好，所以他们不喜欢我，讨厌我。"这句话透漏了他的父母爱孩子是有条件的。但很多父母并不知道，要求越多，条件越多，孩子的价值感和存在感就越低。因为在父母那里，孩子得不到肯定，不被接纳。在这种情况下，孩子每天考虑的问题大多是如何讨好父母，当然也有孩子像本案例中13岁的男孩一样，不讨好，不合作，不断自我压抑，时间久了，可能就抑郁了。

孩子犯错时不要急于批评

如果真的爱孩子，就要懂得既能接纳孩子的缺点，也能扩大孩子的优点。真正爱孩子的父母，才能用发现美的眼睛，找到孩子自身的优势，不断地给予孩子鼓励和赞美。

我常常和家长说："不要在孩子做错事情的时候去批评他。"很多家长不理解："孩子做错事情，我们不给他指出来，他下次就会犯同样的错误。"其实孩子做错事情的时候，内心是不安的，他会担心父母批评他。如果父母批评孩子，无异于雪上加霜，孩子就会陷入自卑的情绪当中。

角色互换，理解被批评的感受

假如让家长扮演一个4~10岁的孩子，我以家长的口吻对你说一些话，当你听完之后，你会有什么样的感受。

"赶紧去刷牙，磨蹭什么呢！""抓紧时间写作业，别拖拉！""快点穿衣服，不然你和我都得迟到！""上学乖一点，别和同学打架啊！""把你的房间收拾干净，你看你的房间就像一个猪窝！"

听到这些，你感觉自己备受鼓励还是很不舒服？这些事情你以后还会愿意主动去做吗？

尊重的语言，如沐春风

同样的扮演方式，父母仍然带入孩子角色，我再说一些话，看看此时你自己内心的感受是怎样的？

"儿子，怎么做才能把牙齿刷得更干净？""现在室外是15℃，你觉得穿哪件衣服让自己感觉不冷，不会感冒呢？""今天吃完饭，是你来刷碗还是我来刷碗？""东西被你弄乱以后，怎么做才能把它们恢复原位？"

这个时候你的内心感受是不是很舒服？是不是有一种被尊重的感觉？

从不批评孩子开始

当孩子听到命令话语时，大脑会有什么样的反应呢？命令的语言会让人感觉没有被尊重，这个时候，人的身体会变得僵硬，大脑发出的信息和指令是抵触。人在抵触的状态下，是不可能把事情做好的。孩子没有把事情做好，一般情况下，得到的是父母的批评、指责、唠叨、说教，孩子就会认为自己做得不够好，时间长了，内心就会自卑。

> 你可以长期控制自己的情绪不批评孩子吗？

尊重的语言让孩子更自信

尊重的语言会令大脑放松，身体放松，大脑发出的信息和指令是寻找答案，然后孩子就会愿意主动去完成父母让他去做的事情。这时我们再增加一些鼓励的语言，孩子就会更加有信心，相信自己能够做好。

孩子自己做决定可以增强自信

在孩子13岁之前，除了一些重大决定需要父母参与并给出意见，其他的小事，父母要给孩子自己做决定的权利。无论这个决定是对还是错，这个责任都是由孩子自己去承担。孩子的成长过程，需要自主感，而不是凡事都由父母来做决定。

父母教育孩子的最终目的，不是学会知识，而是掌握一种思维方式，学会思考、选择、拥有信念。这样的孩子无论身在哪里，都能够收获成长和幸福，因为他拥有了获得幸福的能力。

孩子的一些想法，父母应该适时给予支持和鼓励

过度保护是在阻碍孩子发展

父母在日常生活中会习惯性地保护孩子。比如，孩子在小区玩的时候，如果孩子在前面跑，父母会在后面追，一边追一边喊："慢点，别摔倒了！"孩子在外面跑哪有不摔跤的，只有体验过了，他才会思考下次还要不要这么做。这样做表面看是在保护孩子，其实会阻碍孩子独立能力的发展。要让孩子相信"我是能够做到的，我可以的，我行"。

鼓励孩子主动尝试

美国著名作家卡耐基在他的《人性的弱点》中说道："培养自信的方法就是，做你害怕做的事，获得一次成功的体验。"

当一个孩子自己做了一件自认为很有创意的事情，或者从来没有做过的事情，被父母肯定，他就会备受鼓励。这样的氛围中，主动性就逐渐形成。

当一个孩子因为自己的创意或者第一次做一件事情备受打击、嘲讽、批评，他就会深感内疚，再让孩子去做一次，他就失去了主动性。这样的事情一再发生，就会让孩子缺乏自信心。

鼓励、夸奖和赞美，你用对了吗

在学习家庭教育方法的过程中，很多父母把鼓励、夸奖和赞美混为一谈，认为这在本质上没有太大的区别。实际上，它们区别很大……

★ 表扬和鼓励的区别

表扬和批评只是"用糖还是用鞭子"的区别，背后的目的都是"操控"，而教育的目的应该是让孩子能够自立。

可能有的父母说，我表扬孩子一般只会说："儿子，你真棒！""闺女，你好厉害！"

那真正鼓励的语言应该是怎样的呢？"不论考多少分，都是你努力的结果，下次你会想办法考得更好的！""看到你做事这么认真和努力，我对你的未来非常有信心！"……

这两种鼓励的方式起到的作用是完全不同的。

典型案例 ❶

"拼图"研究

斯坦福大学著名发展心理学家卡罗尔·德韦克花了10年时间，和她的团队研究表扬对孩子的影响。他们对纽约20所学校的400名五年级学生做了长期的"拼图"研究，这项研究结果令学术界非常震惊。

研究人员把这些孩子分成两组来完成智力拼图游戏。这个游戏测试是分四轮来进行的。

第一轮测试：分别表扬或者鼓励一部分孩子。研究人员每次只从教室里叫出一个孩子进行第一轮的智商测试。测试的题目就是做简单的智力拼图，几乎所有孩子都相当出色地完成了任务。每个孩子完成测试后，研究人员都会把分数告诉孩子，还会说一句鼓励或表扬的话。表扬的话是："你在拼图方面很有天分，你很聪明。"鼓励的语言是："你刚才一定非常努力，所以表现得很出色。"德韦克这么做的目的是看看这些孩子对表扬或鼓励究竟有多敏感。

第二轮测试：提供不同难度的游戏供孩子选择。在第二轮拼图测试中，有两种不同难度的测试，孩子们可以自由选择参加其中一种测试。一种比较有难度，但在测试的过程中能够学到新知识；另外一种是和前一轮类似的简单测试。

测试结果是，在第一轮中被夸奖努

力的孩子当中，有90%的孩子选择了有难度的拼图，而在上一轮中被表扬聪明的孩子，大部分都选择了简单的任务。由此可见，自以为聪明的孩子，不喜欢面对挑战。德韦克在研究报告中写道："当我们夸孩子聪明时，等于是在告诉他们，为了保持聪明，不要冒可能犯错的险。"

第三轮测试： 故意制造挫折。在第三轮的拼图测试中，是相同的测试游戏，不给孩子们选择的机会，但测试很难，因为拼图游戏都是七年级水平的考题。孩子们都失败了。在第一次测试中得到夸奖和鼓励的孩子对此的反应是完全不相同的。以前被夸奖努力的孩子，认为失败是因为他们不够努力，而前面被夸奖聪明的孩子，认为失败的原因是自己不够聪明。

第四轮测试： 差别越来越大。接下来，马上对孩子们进行了第四轮测试，这次的题目和第一轮一样简单。被夸奖努力的孩子，在这次测试中的分数比第一次提高了30%左右，而被夸奖聪明的孩子，这次的得分和第一次相比，却退步了大约20%。

德韦克解释说："鼓励，即夸奖孩子努力用功，会给孩子一个自己可以掌控一件事的感觉。孩子会认为，成功与否掌握在他们自己手中。反之，表扬，即夸奖孩子聪明，就等于告诉他们成功不在自己的掌握之中。这样，当他们面对失败时，往往束手无策。"

实验结果

在后期对孩子们的追踪访谈中，德韦克发现，那些认为天赋是成功关键的孩子，不自觉地会看轻努力的重要性。他们认为，我很聪明，所以我不用那么用功；他们甚至认为，努力等于向大家承认自己不够聪明，是很愚蠢的。德韦克的实验重复了很多次，发现无论孩子有怎样的家庭背景，都受不了被夸奖聪明后遭受挫折的失败感，甚至学龄前儿童也一样，这样的表扬都是弊大于利。

- **表扬的效果是短暂的**

  表扬可能短期内有效果，但后劲不足。

- **鼓励的效果是长久的**

  鼓励可能短期效果慢，但长期效果好。

温馨提示

表扬给孩子带来的短期效果是，只要我表现好，就能得到父母、老师的认可；长期效果是，你不表扬我，我就失去动力了。鼓励的短期效果是，孩子进步比较慢；长期的效果是：因为看见经过自己的努力，确实能够达到自己想要的结果和目标，孩子会比以前付出更多的努力。

⭐ 表扬的角度是居高临下的

表扬，表面上会让孩子更加自我认同，实际上没有深入孩子的内心，仅仅是停留在表面；鼓励，能让孩子看到事实，给予孩子肯定和认可，并且相信对方能够做到。这两种方式，会产生完全不同的两种亲子关系。

表扬，是一个拥有权力的人，站在高处指点别人。比如，吃饭时，孩子去端菜，爸爸妈妈会表扬孩子："你做得真好，你好乖。"如果换作自己的父母或者是爱人这样做，还会这么说吗？这句话很明显是父母从俯视的角度出发的。如果父母一直用这种方式和孩子互动，将来孩子可能会为了得到父母的认可，而变得做事越来越小心，会成为一个讨好型人格的孩子。

⭐ 鼓励的角度是平等的

对于教育，父母渴望得到好的效果，并且是能够有持久性的效果，那么，我们所使用的工具（包括表扬、赞美和鼓励）就很重要。

我们来看看在父母使用这些工具后，会达到怎样的一个效果。

表扬是由上至下的一个评价，父母站在一定的高度给予孩子的肯定，也是有效果的。但这个效果无法持久，甚至会产生很多的负面影响。

鼓励是父母和孩子站在一个平等的位置上，用尊重、平等的语言，给予孩子的行为或努力的肯定。阿德勒心理学提出："横向关系"才是人际关系中的最佳状态，不要批评也不要表扬孩子，而是为孩子提供一些"催化剂"，也就是"鼓励"。这就如同运动会上，努力奔跑的人耳边响起同学加油的声音，会有更大的向前冲的动力。这是一个平等的、相互支撑的一个过程。

- **表扬的角度是居高临下的**
  可能培养出讨好型人格的孩子。

- **鼓励的角度是平等的**
  "横向关系"才是人际关系中的良好状态，不要批评也不要表扬孩子。

- **多看孩子的优点**
  虽然很难，但是会给孩子带来自信。

温馨提示

教育孩子最终呈现的结果会让父母明白自己曾经使用的育儿方式哪种是正确的。但如果要等到孩子长大后才发现，那就为时已晚了。在孩子相对比较小的年龄阶段，父母明白了鼓励和表扬的区别，再去纠正以前不恰当的行为，还来得及。

父母如何给孩子做正面鼓励呢

📢 **首先，多看孩子的优点，少看孩子的缺点。**

每个人都有缺点和优点。父母在教育孩子的过程中，更多的是聚焦在缺点上。不信，我画个圆圈，然后点一个黑点，你第一眼看见的是外面的圆圈吗？90%的人第一眼看见的一定是这个黑点。我们说教导孩子要积极、正向，就是需要父母用积极、正向的眼光去看待孩子。

📢 **其次，描述孩子做事的过程，注意抓细节。**

我朋友说，即使我不做家庭教育讲师和心理咨询师，也能把自己的孩子教育好。我以前常和朋友们聊到我爸爸对我们三姐弟的教育方式。在教育子女方面，爸爸是非常民主的，他从来没有高高在上地指责、批评我们，他会告诉我们，他以往遇到类似的事情是怎么去做的，非常详细地描述过程，结果又是怎么样的，让我们自己决定应该怎样去做。这对我的影响是非常大的。

当然，在鼓励孩子的时候，父母描述得越具体，越能起到更好的激励作用。

典型案例 ❷

妈妈是我的作文领路人

我上小学二年级开始写日记，每天的日记就和流水账一样。妈妈说我有些词汇用得还是不错的，在她的肯定之下，我写日记的时候就会比较认真。当然她也很有方法：3月初，她说外面柳树的嫩芽冒出来了；4月，她说槐花扑簌簌地在摇动……现在我仍然记得这些语句。在妈妈的引导下，原来不爱阅读的我喜欢阅读了，而且会把很多好词好句背下来，用在作文当中。三年级下学期，我的一篇作文被选作范文，每个班级的语文老师都在班上朗诵，那个时候的我倍感骄傲，因为有了价值感和成就感。

如果妈妈对我当初的流水账作文挑三拣四，嫌弃这写得不好、那写得不好，估计到今天我的文章依然会写得很糟糕吧！

⭐ 鼓励可以让孩子产生内在驱动力

鼓励孩子的目的，是让孩子明确知道：他之所以能够取得一定的成绩，是因为他为此付出了努力、勤奋和坚持。这样孩子才能够知道，这一切都是他自己通过一些方法而得到的结果，下次他才会信心坚定地用同样的方式努力，从而逐渐产生内在驱动力。

规则的建立和执行

为什么有的孩子沉迷于电子游戏？孩子喜欢玩游戏，不仅仅是因为游戏好玩，孩子的自控能力差，更主要的原因是游戏设计师在游戏当中明确的规则和目标，让孩子在玩游戏的过程中产生了价值感和成就感。

家庭需要建立规则

要想让孩子远离电子游戏，喜欢学习，就要建立完善的家庭规则，父母要温和而坚定地去执行这个规则。如果一个家庭缺少规则感，这个家庭当中的孩子可能会在很多方面暴露出问题来。

家庭缺失规则感的表现

完全没有规则感。

比如，我的一个同学管孩子，可能今天不管孩子怎么玩手机，她都不会说孩子，而第二天孩子刚玩了5分钟，她就对孩子大吼大叫，让他放下手机。这是毫无规则感的，做事原则完全是按照父母的心情而定的。

家庭当中参与教育孩子的人太多了，规则各行其是。

比如，一个家庭当中，妈妈不许孩子玩手机，而爸爸却认为，接触一点电子产品也没关系；爸爸不允许孩子乱吃零食，而妈妈本身是一个喜欢吃零食的人，对孩子吃零食限制很少；爸爸妈妈对于孩子的学习成绩要求比较高，但是爷爷奶奶却认为孩子只要学习差不多就行了，没有必要为难孩子。试想一下，孩子在这样的一个家庭环境当中生活，他会是一种什么状态呢？基本上可以断定，他既喜欢吃零食，也喜欢玩手机，而且学习还不好。

虽然制订了规则，但是任何人都可以随意破坏。

别看这个规则是父母制订的，父母破坏起来毫无节制。如果规则一而再再而三地被破坏的话，规则其实就形同虚设了。

不要让规则形同虚设

有一次我的一位朋友给他的孩子打电话，说："你赶快收拾一下，我们在xx地方见面，下午带你逛街。"孩子说："妈妈，你不是说让我下午写作业，写不完什么都不许干吗！"妈妈就说："哎呀，算了算了，今天不写了，不行的话，明天把今天没写的补回来，我们先出来逛街。"自己制订的规则，随意推翻，这看似是一个不打紧的小事，但是在孩子的心目当中会留下一个什么样的印象呢？他就会觉得：这个规则是可以随意打破的，今天妈妈能打破这个规则，那么明天我想破坏规则的时候也是可以的。

父母不要带头破坏规则

父母提前为孩子制订看手机的规则，有助于孩子好习惯的养成。

教育小课堂

我们必须把家庭规则非常明确地制订出来，而且每个人都要去执行它。在制订家庭规则的时候，每一个家庭成员都要参与。

教育孩子是父母的第一要务，但是如果跟爷爷奶奶共同生活，爷爷奶奶也要参与孩子的教育。大家坐在一起，就每一个问题分别讨论，都觉得没有问题了，这个规则才算制订下来，孩子也要参与意见。如果说孩子认为父母给他制订的规则太严，那么在规则制订初期，大家是可以讨论修改的。但是一旦规则定下来了，就要严格地执行它。

家庭规则，每个家庭成员都要参与，也是家庭的一种仪式感。同时，家庭规则一定不要仅仅为了限制孩子而制订。如果制订的每一条规则，都是对孩子的限制，孩子就会有一种不公平感。既然是家庭规则，每一个家庭成员都要遵守这个规则，这样孩子才会觉得规则是公平的、公正的，也更愿意去遵守。而且家庭规则的建立，不仅可以杜绝孩子手机游戏成瘾，而且可以培养孩子良好的习惯。

更为关键的是，规则可以减少家庭矛盾，不仅对孩子的成长有好处，对家庭的和谐也是有帮助的。规则既然建立了就要严格执行。如果孩子偶尔有不愿意执行的时候，父母的态度一定要温和。

不想让孩子沉迷游戏，不能简单地一刀切，避游戏如洪水猛兽，要用对方法，给孩子一些鼓励和激励，多陪伴孩子，孩子就愿意远离游戏，重新投入父母的怀抱。

自律是天生的，还是后天培养的

自律并不是人天生就具有的特性，惰性才是。但自律是可以培养的。自律，其实就是对抗惰性的过程。如果可以培养出孩子自律的品格，并且孩子能持之以恒，他会从自律的过程中取得很大的成就感。

★ 父母的苦恼

做教育的这些年，家长和我聊的较多的话题就是孩子拖拉、磨蹭、不够坚持。小学一年级的孩子，作业也不多，但要写三四个小时；为了孩子体育达标，陪孩子坚持了半个月的跳绳，一考完试，孩子就不再跳了；孩子写作业不专心，老是三心二意。网上类似的视频也比比皆是，视频下面的留言也都是同款孩子。很多父母苦恼不已：为什么我的孩子就做不到坚持，做不到自律呢？

没有天生就自律的人，懒惰是人的天性，一个高度自律的人一定会有一套对于自我的高要求。对孩子来说，同样如此。

典型案例 1

人可以多自律

我们小区里有一位50多岁的中年男人，每次早上我去买菜都能够遇到他。我觉得很奇怪，因为我看到他没有去菜市场买菜，而是走向和小区相反的方向。有一天下雨，我早起在小区门口遇到他，他仍然穿着一身运动服。我就和他打了个招呼："今天下雨，您这么早出门是有事吗？"他笑了笑回答我："去跑步！""雨这么大，怎么跑啊？"我确实觉得挺奇怪的。因为对于一般人来说，下雨天，如果不上班，也没什么特别的事情，一般都是窝在家里。"没事的，我每天都会出去跑步的，已经跑了20多年了，就是刮狂风、下大雨我也会出去的。"

美国前总统西奥多·罗斯福曾说："有一种品质可以使一个人在碌碌无为的平庸之辈中脱颖而出。这个品质不是天资，不是教育，也不是智商，而是自律。"

他的这句话在这位刮狂风、下大雨都要出去跑步的大哥身上得到了印证。我后来才知道,这位大哥早就实现财富自由了。他是那种典型的勤劳、努力的人,初中没有毕业就来到深圳打工,后来白手起家卖服装,干了15年,在深圳一个著名商业街的一栋大厦里,他拥有一整层的商铺!我们小区对面的临街商铺,60%也是他家的,而且他还开了两家小百货商店。虽然他不是那种非常有名的企业家,但他的成就也是不容小觑的。这位大哥的高度自律深深感染了我,之后我基本上保持着每周2次的规律运动。

坚持自律,孩子会有收获

以前,我经常参加一些线下家庭教育的课程讲座,当时我培训的一个家长,他的孩子刚上幼儿园大班。通过我的课程,他收获了很多,尤其是通过角色扮演,体验到孩子在家长的指责、批评当中所受到的伤害。上课的时候,这位爸爸泪流满面。所以在此后教育孩子的过程当中,他既没有做一个严父也没有做一个慈父,而是做孩子的好朋友,陪伴孩子成长。他的孩子现在读小学三年级了,每天早晨坚持6点多起床背英语、读古诗词,放学回家写作业,完全不需要人监督。1 000多天的时间,每天坚持背诵、阅读,哪怕感冒发热,孩子都会坚持完成每日任务。

这位爸爸每天坚持做好榜样,陪伴孩子一起学习,做每个学期的学业规划,孩子也严格遵守。3年下来,孩子就养成了自律的好习惯。他和我分享说,他孩子自律的习惯培养得好,也是因为那会儿孩子上幼儿园大班,她的自主思考能力没有那么强烈,比较听父母的引导和安排,才能够慢慢养成,到了小学二年级下学期,基本上就定型了。现在孩子上三年级,学习、读书、写作业完全不需要父母的监督。

温馨提示

天生就自律的孩子是不存在的,孩子的自律是靠父母的用心培养才能获得的。他律只是父母给孩子一时的约束,自律才是孩子一生的自由。

⭐ 接纳孩子的不主动

父母希望孩子能够主动学习，严格要求自己，首先父母一定要做好榜样和监督。《清华学霸教子经》里面说道："父母要明白，孩子小时候缺乏自制力，对学习等艰苦的事情，不主动是常态，主动是非常态。"所以当孩子不能自主学习的时候，父母要做到接纳，因为孩子不主动就是常态。要让孩子做到主动做事、主动学习，就需要父母的推动。

⭐ 规则意识非常重要

规则意识，对孩子从小到大的成长是非常重要的。否则，到了工作或者集体宿舍环境当中，因为孩子没有规矩、没有规则，可能会和同事或室友发生冲突，给人留下不好的印象。当然，为了让孩子遵守约定和家庭规则，可以适当设定一些奖励机制。这一点，要视孩子遵守规则的情况严格与否而定。

> 📢 **第一，自律源于父母的榜样作用。**
>
> 父母希望孩子成为什么样的人，首先自己要做那样的人。要让孩子做到严格要求自己，首先父母要严以律己。如果周末的时候，父母都睡到快9点钟才起床，凭什么要求孩子7点钟就起床呢？如果父母都离不开手机，下班回到家就躺在沙发上玩手机，凭什么要求孩子去认真学习呢？如果父母自己能做到自律，孩子也差不到哪里去。
>
> 📢 **第二，父母要培养孩子管理时间的能力。**
>
> 孩子写作业拖拉磨蹭，上学经常迟到，这是孩子没有时间观念导致的。给孩子建立时间观念，越早越好。
>
> 越越上幼儿园小班开始，每天几点起床、有什么样的安排，我们都做了一个表格，贴在冰箱上，每个安排都用不同颜色的贴纸，这样便于孩子能够理解和记住。越越经常去找菲菲玩，去多长时间，到时间了是我去叫她回来还是她主动回来，我们都有约定。安排好之后，经过多次反复练习，孩子自然就有了时间观念。

📢 第三，帮助孩子树立规则的意识。

为了让孩子每次都能够做到，我们也和孩子一起设定了一些规则。因为"没有规矩不成方圆"，而且孩子从小就要遵守公共秩序，要有一颗公德心。这需要在孩子幼儿时期，父母就要给孩子的内心种下规则的种子。比如，出去买衣服，我们一开始就和越越说好，带了多少钱，预计买几件衣服、几条裤子，今天中午在外面吃什么，预计多少钱……这样，在逛街的过程中，即使孩子看到了自己特别喜欢的玩具，她也不会开口要，因为今天没有这样的预算。

📢 第四，想要孩子真正自律，父母对孩子一定要"狠"一点。

有位优秀的钢琴家，他的成才之路也非常艰辛。他还没有出生的时候，爸爸就买了一架钢琴，并和他妈妈说，无论生的是男孩还是女孩，以后都要学会弹钢琴。

他2岁开始接触钢琴，最初要"坐琴"，他坐不住，爸爸就把他抱在腿上弹钢琴，每天增加一定的时长。孩子年龄小，自然是坐不住的，总想着出去玩。这时爸爸就会非常严厉，然后把他往床上一扔，吓得他大哭着说："爸爸，我练琴，我练琴，我好好练！"在爸爸这样严格的要求之下，他才走上了钢琴之路，最后成为一名出色的钢琴家。

⭐ 自律其实是违反人性的，做好了非常了不起

可能很多父母在培养孩子的道路上，仅仅因为孩子的哭闹或者是不配合，就放弃培养孩子应有的规矩和规则。父母没有底线，孩子的内心就会动摇，孩子的坚持就是父母的坚持。

心理学家塞德兹说："人如陶瓷，小时候会形成一生的雏形。"人想要贪图享乐是正常的，因为人本性如此。自律其实是违反了人性，但如果能够坚持下去，将来肯定会有所成就。

> **温馨提示**
>
> 我们若想孩子将来有成就，就要帮助孩子养成自律的习惯，从小就把"自律"这两个字种进孩子的内心深处。

如何调动孩子的内驱力

一个孩子对知识有渴望，对学习就会产生主动性，不需要父母督促，也会自己努力学习的，甚至拥有自学的能力，这是教育的目的。而孩子的学习动力最初就是靠父母点燃的。

没有学不好的孩子，只有不会引导的父母

大部分父母是不知道如何引导孩子学习的。当然会有一些父母在养育孩子之前了解一点育儿知识，大概知道要培养孩子的生活习惯和学习习惯。加之父母在原生家庭中受到了一定的滋养，比较民主，凡事多让孩子做主，所以孩子的性情相对来说比较温和，学习主动性比较强。因为原来被爱滋养过，所以在自己的家庭当中，教育孩子会有一套自己的方法。这样孩子从小到大无论是为人处世，还是学习成绩，相对来说都会比较优秀。

典型案例 1

教育是点燃一把火

著名爱尔兰诗人叶芝说过一句话："教育不是注满一桶水，而是点燃一把火。"他的这句话，一直被全世界的教育专家所引用。

我记得自己刚上小学时，处于一种非常懵懂的状态。那时我成绩很一般，在同学当中，一点都不出色。但到了小学二年级，一跃就成为班级里的佼佼者，语文成绩从来没有低于过95分。因为妈妈每天晚上下班后都会指导我写作文，陪我阅读半个小时，这让我的阅读从磕磕绊绊到流畅自然再到绘声绘色。而且妈妈总会鼓励我，说我读得让她很感动，或者说某个人物的语言我说得很生动，她总会说一些鼓励的话。在阅读方面，妈妈为我打开了一扇兴趣之门。

上到三年级，我写的作文经常是年级的范文。这都源于妈妈给我点的那把火。

> 如果孩子真的不爱学习，你会怎么办？

童年经历的巨大帮助

从中国名家的散文到鲁迅先生的小说,再到世界名著,我每天都要阅读30页左右。有的时候,我一只手拿着馒头,另一只手翻书,一边吃,一边看书。童年学习的时光,今天回忆起来仍然是那么美好……

现在我做了家庭教育讲师、心理咨询师,再回头去看父母以及爷爷奶奶给予我的教育,都是饱含爱和深情的。所以我也把这份爱和深情给了我的孩子。

马斯洛需求层次模型
- 自我实现
- 尊重需求
- 爱与归属
- 安全需求
- 生理需求

让孩子主动学习要满足5个需求

孩子愿意主动去学习,除了父母引导之外,首先必须满足以下几点:最底层的生理需求,再到安全需求,然后进入爱与归属,也就是社交需求,还有孩子内心所渴望的尊重需求。当这些都被父母所满足之后,他才能产生自我实现的动力,进而主动学习。如果孩子没有学习的内在驱动力,家长朋友可以对照马斯洛需求层次模型,去看看在哪些方面还没有做到,或者说哪些方面做得还不够好。

满足底层需求是前提

父母希望孩子状态好、学习好,满足孩子对底层的需求是前提。

生理需求就是满足孩子基本的吃、穿、用。

安全需求是父母都爱孩子,孩子在家庭里能够感受到父母相爱,父母不吼叫、不批评、不打骂孩子,与孩子和谐共处。父母关注孩子,孩子有存在感。

想要孩子学习好,先满足孩子的基本需求

从身体到内心,再到心灵,孩子的内在需求被完全满足,也就是被爱滋养之后,才能够进入最后的状态和境界,即主动做事情,包括处理生活当中的事情和学习,并充分发挥潜能,实现自己的理想抱负。

父母要不断学习如何教育

从事家庭教育工作10多年以来，很多家长和我说过相似的话："我不懂教育。"其实没有任何一位父母天生就懂得教育，我们最初都是向自己的父母学习如何教育孩子的。原生家庭的教育方式在很大程度上会影响到我们，但是我们也会有很多改变，这就源于我们不断努力学习如何做一位合格的父母，而且还能把学习的方法用在孩子的身上，并逐步进步。

两种驱动力

无论是孩子学习，还是成年人工作，都存在两个部分：第一，愿意主动去做，这叫"内在驱动力"，简称"内驱力"；第二，给我好处，让我开心，就算我原本不愿意，也会去做的，这叫"外在驱动力"。

外在驱动力很难持续

外在驱动力很难持续，也会存在很多问题。比如，有个孩子原来考70分，父母说："一科考80分，奖励100元。"孩子期末三科成绩都超过了80分，拿到了300元。但是，当父母不给钱后，孩子就没有目标了，学习成绩又被打回原形。父母一看这不行啊，得让孩子成绩提升，就对孩子说："儿子，下个学期，三科都考85分以上，爸妈奖励你300元。"孩子说："为什么80分是300，85分还是300？"父母的要求不一样了，孩子也懂得加砝码了。

学习本来是孩子自己的事情，当父母用奖励的方式驱动孩子学习，责任就会转嫁到父母给的奖励上去。当然，如果奖励运用得当，也会产生一定的正面效应。

典型案例 2

随机奖励法

我给越越设定了两个随机奖励法，让她猜不到什么时间会得到什么奖励，永远让她期待下一个奖励会更好。

第一个是准备一个幸运大转盘。 让她把自己最想要的礼物写上去，表现很优秀的时候，就奖励她转一次。不是每次都会转到礼物，因为幸运大转盘上有一个空格，不然期待感就不强。当她得到奖励后，就会期待再次得到奖励；没有得到奖励，也会努力地去争取。

第二个随机奖励，就是不事先约定的奖励。 比如，越越读小学六年级的时候，数学考了100分，放学时我给了她喜欢的酒心巧克力，越越非常高兴。我用这种随机奖励法，撬动了越越学习的内驱力。

如何奖励孩子，你真的会吗？

内驱力会带给孩子什么

有内驱力的孩子，他知道学习是自己的事，会自觉自发地参与进去，而且投入度会很高，不会在意奖励。看到自己有进步的时候，他的驱动力会更强，会朝着下一个目标继续前进。即使没有进步，父母稍微引导一下，孩子也会懂得自我反思，寻找解决问题的方法。当孩子找到突破点的时候，内心就会拥有价值感和成就感。

内驱力需要父母的推动

孩子的内驱力需要父母的推动。如果父母使用的方式和方法正确，孩子的内驱力就很容易形成。父母只有运用正确的方法，并持续贯彻实施，才能够逐步培养好孩子的内驱力。

如何培养孩子的内驱力

要想培养孩子的内驱力，对学习有动力，先要调动孩子对学习的热情和积极性。

第一，营造和谐的家庭氛围，为孩子的安全感保驾护航。

家庭中，夫妻关系比亲子关系更重要。不是说亲子关系不重要，而是亲子关系要排在第二位。良好的夫妻关系对孩子的情商培养、未来看待感情的态度以及感受家庭是否有爱非常关键。孩子的心态稳定了，他在学习的时候才能够心安。父母是孩子强大的精神力量支撑，当父母懂得关爱孩子，让孩子内心感受到父母对他的尊重，孩子自然就会把精力放到学习上。

第二，给孩子足够的选择权利，让孩子自己做主。

美国神经病学家、著名的发展心理学家和精神分析学家爱利克·埃里克森认为：如果成人过分爱护孩子，处处包办代替，什么也不需要他们动手；或过分严厉，这也不准那也不许，稍有差错就粗暴地斥责，甚至采用体罚的方式，这些都是非常不利于培养孩子内驱力的。例如，孩子不小心打碎了杯子，父母就对孩子打骂，使孩子遭到挫败的体验，就会产生自我怀疑与羞耻之感。以后孩子会因为害怕父母的打骂或责备而不敢尝试新鲜的事物。所以，给孩子足够的选择权利，让孩子自己做主才能更好地培养孩子内驱力。

你和孩子建立契约了吗

契约精神指的是一种自由、平等、守信、救济的精神。契约精神不是单方面强加或胁迫的"霸王条款",而是各方在自由平等基础上的守信精神。那么怎样把契约精神运用到亲子关系当中呢?

从小建立亲子契约的好处

我的两个孩子和我关系一直都很好。很多朋友说,我和她们像闺蜜,像无话不谈的好朋友。其实我的两个孩子能够守规矩和规则,是因为在孩子很小的时候,我和她们之间就建立了亲子契约,这对于培养孩子的生活和学习习惯是非常必要的。

典型案例 ①

如何建立亲子契约

我把我和孩子之间的亲子契约做一个分享,以供大家借鉴。

越越1岁4个月的时候,我和她每天早上都会去洗手间"坐"马桶。刚开始的时候,越越不肯坐在上面,因为已经习惯了外公外婆抱着她上厕所。我就和越越说,我身体不舒服,需要每天早晨8点钟去洗手间,让她也带着自己的小马桶进来陪我。越越还是很心疼我的,很主动地进来陪我。这就相当于和孩子在固定的时间建立了一种契约。2个多月天天如此,固定时间来做这件事情。这个习惯养成以后,越越每天就自己去坐小马桶,有时候还要我进去陪她。

一开始越越手的力度不够,所以小马桶都是我们帮她冲好、洗好,后来她慢慢长大,我就带她一起做这件事情。到孩子2周岁的时候,我就和她约定,这件事情要由她自己来做。有的时候弄洒了,我就和她一起收拾。我这样做也是为了培养越越的责任心,自己的事情要自己做。当然这需要父母很有耐心才行,如果孩子没有做好,父母唠叨、说教孩子,她就不会主动去做了。

后来在很多事情上,我都尝试着和孩子建立亲子契约,越越一般都会高兴地接受,而且执行得很不错。

> 建立亲子契约,你对孩子有信心吗?

案例分析

亲子约定要互相监督

做任何事情都得有个准则，如果没有，在孩子犯了大错以后，我们再想回到起点就很难了。所以我把《弟子规》的横幅买回来，贴在家里的墙上，经常带着孩子读，而且还会把很多内容解释给孩子听，相互监督我们有没有做到。

什么是亲子契约

亲子契约指的是通过父母和孩子之间相互协商达成的文字协议（孩子不会写字时用口头协议），让契约双方产生责任感和自我约束意识，为达到同一个目标共同努力。

典型案例 2

亲有疾，药先尝

2012年，越越外公做了一个小手术，晚上在医院需要陪床。我们也带越越去医院看外公，晚上有时候是我留下来，有时候是我妹妹留下。我会把《弟子规》里的"亲有疾，药先尝。昼夜侍，不离床"这部分内容和外公生病这件事情结合起来讲给越越听，我和小妹是怎么做的，孩子就能明白其中的含义。然后再和她约定，等她长大了，万一哪天我生病了，问越越她会怎么做，孩子就会说自己要怎么做。我们用言传身教教育了孩子，而且我会和越越说这是我们之间的约定，让孩子以后践行自己的约定。

建立亲子契约后要相互监督，不能随意破坏约定。

典型案例 3

亲子契约有助于养成良好的学习习惯

越越从3岁开始，我就培养她早晨起床自己洗漱了。她毕竟是孩子，起床时间有早有晚，有时候起床了也不想去洗漱。我就和越越约定："晨必盥，兼漱口。便溺回，辄净手。冠必正，纽必结。袜与履，俱紧切。"然后让孩子看我是怎么做的，再带着她去做。

刚开始她去洗漱，也会不太情愿。后来我就和她说，还是有个书面的约定比较好。我把这部分打印出来，贴在洗手间的镜子上，我们两个人谁没有做到，就站在镜子前面读10遍，让她按上自己的小手印，我也按个手印。我和越越说，我们要互相监督对方，如果妈妈没有做到，也可以像《弟子规》里所说的"亲有过，谏使更。怡吾色，柔吾声。谏不入，悦复谏"来给妈妈提建议。对于3岁的孩子来说，这些内容没那么容易理解，我就解释给她听。越越听懂后，也能够做到。

越越上了小学以后，这种契约精神我们一直都在保持，包括写作业的时间约定，预习、复习、查漏补缺的学习习惯以及使用手机的问题，我们都是有约定的。凡事提前约定，孩子会容易接纳，在执行的时候也容易一些。对于已经发生再亡羊补牢的事情，我们协商约定好以后，前期确实会有一些障碍，但当我足够坚持和有底线的时候，越越一般还是可以达成约定内容的。

父母要约束好自己

在执行和孩子之间契约的时候，不能单方面只要求孩子做到，父母也要做到。父母不仅仅要做到，更要严格要求自己。当不让孩子玩手机的时候，父母首先要做到自己不沉手机游戏、不刷手机视频，履行自己的承诺，孩子才能很好地遵守和父母的约定。契约要从正面去建立，不建立反面契约，明确孩子要去做的事情，在上面不写"禁止"字样。

亲子契约可以用在很多方面，比如，习惯的培养、如何完成作业、用手机的时间段……当然，这份契约关键的一点就是父母和孩子都要做到平等、守信。

> 建立好亲子契约，你会忍不住自己破坏约定吗？

第六章

孩子手机成瘾怎么办

　　手机已经成为我们这个时代不可或缺的工具。不论成人还是孩子，都离不开手机。成人离不开是因为工作、生活都需要用到手机，孩子离不开是因为老师留的作业很多都在手机上。很少有哪个父母下班回到家里能完全放下手机不再去看的，很多父母甚至走到哪里手机就带到哪里。在这种环境和"榜样"的影响下，怎么能要求孩子放下手机呢？但孩子使用手机的问题，又是让父母苦恼、痛苦的事情。怎么做才能既不耽误学习，又能让孩子远离手机呢？

孩子为何会手机成瘾

近年来，我们通过新闻看到很多父母为了不让孩子玩手机而砸坏手机，孩子为此轻生，甚至出现父母不给孩子买手机，孩子当街打父母的恶性事件发生。孩子网络成瘾、手机成瘾的根本原因到底是什么呢？

★ 存在手机成瘾问题的孩子很多

手机成瘾是否和孩子的性格有关呢？我的心理咨询工作室会接待很多家长，而家长遇到较多的问题就是孩子打游戏成瘾。这部分孩子的年龄基本上在8~18岁，当然偶尔也会有大学生的家长来咨询这个问题。小学生家长倾诉较多的就是："我这孩子以前学习特别努力上进，但自从沾染了网络游戏之后，就变得脾气暴躁、易怒，性格也变得消沉抑郁，学习上完全没有了以前的那种上进心，甚至开始变得消极、颓废，这到底是怎么回事呢？"

★ 孩子手机成瘾是自我保护的一种方式

遇到家长问我这种问题，我通常都会反问家长一个问题：你的行为是什么决定的？这个答案几乎所有人都知道，不管家长有没有读过书，都能回答上来，即思想决定行为。一个人所做的事情，是因为产生了一定的想法，才会促使自己有相应的行为。从这个角度去看，孩子玩游戏以后，脾气暴躁、性格古怪，是孩子的想法决定的。孩子手机成瘾的行为，其实就是他借手机游戏逃避现实、自我保护的一种方式。

★ 手机成瘾和借酒消愁是一个道理

每次我这么讲的时候，孩子的家长几乎都会问我一个问题："孩子手机成瘾和自我保护有什么关系呢？"

很多人在苦闷的时候，就喜欢喝两杯酒。这样，苦闷情绪就能够从精神上、心理上暂时得到一定的缓解。虽然不能解决具体问题，但是喝酒能让不良情绪得到释放，从这个角度上讲，喝酒是有用的。这样，下次遇到事情，还会喝两杯，时间长了，可能就酒精成瘾了。手机成瘾也是同样的道理。

★ 孩子上网、玩游戏可能是在躲避现实压力

孩子玩游戏,并不是因为他迷恋上网络游戏、手机游戏之后脾气变得暴躁了,心理抑郁了,可能是因为在学习、生活上孩子有了挫败感,没有得到及时的调节,他只是想通过玩游戏缓解自己的情绪。玩了几次游戏后,可能暂时缓解了他在生活中和学习中的这种挫败感。但是玩游戏并不能从根本上解决孩子要面对的问题。如果问题得不到解决,下次出现同样的问题后,他还会继续玩,慢慢就演变成了网络成瘾或手机成瘾。就像一个人喝了两杯酒,暂时缓解了烦恼,当情绪一直无法得到疏解,他可能就会依赖酒精来缓解内心的压力。

- **手机成瘾已经成为很多人的困扰**
  各种与手机成瘾相关的新闻时有发生,已经成为困扰很多人的一大问题。

- **手机成瘾是解压的一种方式**
  手机成瘾是孩子躲避现实的一种解压方式。

- **恶性循环**
  手机成瘾导致成绩下降,进而导致父母责备,这会使孩子更加依赖手机。

★ 父母如果不及时引导,就会形成恶性循环

看到这里,家长就会明白:一个原本学习成绩很不错的孩子,玩了手机游戏、刷了短视频以后,成为网瘾少年,从而变得脾气暴躁、焦虑,甚至抑郁了。成绩很好的孩子,自从迷恋上了上网、玩手机游戏,他的精力就被手机游戏和网络分散了,学习成绩下降就是一件很正常的事情。但是这样的落差,孩子很可能接受不了,情绪会越来越低落。这个时候,孩子需要的是父母给予他的安抚、鼓励、帮助和引导,父母心里也是这么想的。但实际的做法却是吼叫、批评、责备、说教,甚至是打骂。这些做法无疑给孩子带来了更大的心理压力,孩子的情绪自然就会越来越差,脾气也变得越来越暴躁。当孩子有了更多压力以后,就需要一种方式去缓解这种压力。怎么去缓解呢?玩游戏!长期下去,最终的结果就是:成绩并没有任何起色,但是玩游戏却是越来越上瘾。

我认为,值得每位父母思考的问题是:到底是孩子在生活上、学习上、情感上遇到困难的时候,父母没有给予孩子充分的理解、情感上的安抚、及时的帮助,反而用吼叫、批评、责备、说教,或者是打骂的方式来对待孩子,导致孩子把网络游戏当作了自己缓解心理压力的依赖呢,还是孩子自控力差被网络游戏和短视频吸引了,变成了父母不认识的样子呢?

手机成瘾与孩子性格的关系

很多教育专家说过："孩子手机成瘾和他的性格有很大的关系。"下面就从人的性格特质上来看，什么性格的孩子更容易手机成瘾？当然，这不是绝对化的分析，只能说这样的孩子更容易有手机成瘾的倾向。

以自我为中心的孩子。

由于受到父母或者是家人过多的关注和重视，尤其是和老人一起生活的家庭，吃饭的时候，有多少家庭先给老人盛饭、夹菜的？绝大多数都是先给孩子盛饭、夹菜。父母这些在日常生活当中不经意的行为，就为孩子埋下了以自我为中心的种子。当孩子融入集体后，发现自己不像在家里那么受关注时，内心就会倍感失落。父母如果没有顾及孩子的情绪和状态，又没有其他人能够帮助孩子度过这段时间，但孩子又特别需要通过一种方式去缓解这份失落感，刷视频和玩手机游戏就是不错的选择。尤其是看到爸爸妈妈每天都在玩手机的时候，孩子更容易产生这样的想法。当孩子在游戏当中能够得到足够的关注度、满足感，并能够宣泄自己被冷落的不满情绪时，就会深陷其中。

性格比较被动的孩子。

对于性格比较被动的孩子，他们不愿意主动和其他人交流，在生活中或者是学习上遇到了不太顺利的事情，基本上不会主动去寻求父母、老师和同学的帮助。尤其在他有了挫败感之后，找不到别的方式宣泄，就会通过网络或者手机游戏寻求心理抚慰。如果屡挫屡败，这样的孩子就更容易通过网络或手机游戏来缓解自己的压力。

依赖感很强的孩子。

依赖感很强的孩子在成长的过程中，除了玩就是学，生活当中几乎所有的事情都是父母和长辈包办代替的。比如，应该孩子做的家务，他一样也没有做过；任何和他有关的事情，他从来没有参与做过决定等。因为孩子的依赖性太强，一旦离开了长期依赖的环境，他的心里就会感到无助，缺乏安全感。在这种情况下，孩子就会尽可能地抓住他能抓到的东西，比如，网络游戏、手机游戏，就成了他用来弥补自己内心安全感的工具。

📢 **自卑懦弱的孩子**。

有些孩子因为长相或者身体缺陷，或者是学习成绩一直不好，被同学嘲笑、霸凌，学校老师也不重视他。即使他和父母表达了他的遭遇，也没有得到正确的引导，有的父母可能会和孩子说"忍一忍就过去了""这有什么大不了的"，或者父母还以为是孩子自己的问题。孩子本来向父母倾诉，为的是寻求帮助，没想到换来的反而是父母的唠叨、指责，或者是不痛不痒的解决方法。时间长了，他就会缺乏自信心，一旦遇到困难，就会选择退缩或者躲起来，躲到哪里去呢？躲到网络和手机游戏里面。因为这里没有人看不起他、批评他或者践踏他的自尊心，他在手机游戏和网络上能够找到自尊心的满足感。

以自我为中心　　**性格被动**　　**依赖感强**　　**自卑懦弱**

⭐ 原生家庭有问题的父母尤其需要注意

有些父母，自己在原生家庭里就没有被尊重过，也没有学习过如何去尊重孩子，对孩子的教育可能是打击的方式，导致孩子都看不起自己，形成低自尊的人格。这样的孩子在现实生活当中如果自尊心得不到满足，就会到网络上去寻找安慰和满足，慢慢产生依赖性，从而成为网瘾少年。当然还有一些这种性格的孩子，在遇到问题的时候，反而越挫越勇，用更加强烈的爆发力去面对问题、解决问题，所以也要因人而异。

温馨提示

寻找到孩子网络成瘾、手机成瘾的原因，再找到有针对性的解决方案，父母付出耐心和孩子想要的关爱，这些问题也是不难解决的。

没有规矩不成方圆

游戏设计师在游戏当中设置的激励制度是符合心理学的。父母可以去看看游戏设计师的一些做法，向游戏设计师取取经，借鉴他们引导玩家的行为模式来引导孩子爱上学习。

典型案例

男孩的秘密

不久前，我去一个好朋友家里做客，一进她的家门，她就一直在厨房里忙碌着，给我做各种好吃的。朋友有个儿子，名字叫乐乐，为了不影响孩子学习，我随手拿了一本杂志看起来，没有看手机。孩子手里拿着一本英语书在看，我发现孩子看一会书就看我一眼。我觉得挺奇怪的，就趁孩子不注意走到他身后，这才发现孩子的英语书里藏着他妈妈的手机，原来他正在玩手机游戏。每当朋友从厨房里出来的时候，乐乐就会快速地停下来，去翻书，并且装作看书的样子。

我不想去拆穿乐乐，所以就一边看杂志，一边观察孩子。他跟妈妈就好像是在玩猫捉老鼠一样，妈妈一到客厅，他就快速翻书，装作看书的样子；妈妈一进厨房，他又继续玩手机游戏，这个状态持续了有1个多小时。我想，可能有很多孩子都像乐乐一样和父母玩这种猫捉老鼠的游戏，包括我们小的时候，偶尔也会这样做。只不过当时没有手机，而是电视。

吃过饭之后，我和朋友就一直在聊天。乐乐就拿着他妈妈的手机在旁边坐着玩游戏。一直到1个多小时之后，朋友突然间意识到孩子一直在玩手机，就大声地呵斥孩子："乐乐，你怎么不去学习，一直玩手机？"

乐乐说："好的，好的，我马上就去。"但他根本没动。两人在催促和拖延之间对话了好几轮。直到朋友实在是忍无可忍，拍着桌子说："你还不赶快去写作业，如果你再不去，等你爸爸回来，我让你爸爸打你。"乐乐就特别生气地说："你就会拿我爸爸压我！"然后狠狠地把手机摔在沙发上，走进自己房间，"砰"的一下把门给关上了。

第六章 孩子手机成瘾怎么办

人都是这样，坦坦荡荡地去做一件事，可能一会儿就觉得没兴趣了，但是让他在一种紧张的、刺激的状态之下去做这件事，就能增加兴奋感。

案例分析

游戏吸引人的原因

我不否认手机游戏本身对孩子有很大的吸引力，因为游戏公司开发一款游戏是否成功，其中有一个非常重要的指标——看这款游戏能不能让人在短时间之内上瘾。如果这款游戏短时间之内不能够让玩家上瘾，那它就是一款失败的游戏。开发电子游戏的公司会有一整套非常严密的检测、评估游戏的方案和流程，所以一般人是很难从电子游戏的吸引当中逃脱出去的。

孩子和父母像猫捉老鼠一样的互动方式，会更加刺激孩子玩手机游戏的兴奋感。但我们很多家长朋友，在遇到孩子玩手机游戏的时候，很可能会在无意当中用粗暴禁止的方式刺激孩子，这样反而让孩子对玩游戏有了更加强烈的欲望。

没有规则的后果

朋友和孩子之间会有这样的交流和互动，其实主要的原因就是她和孩子之间关于如何使用手机、什么时间玩手机游戏没有任何规则可以让孩子遵守。这会导致孩子平时处在一种无序的状态之中，什么时候可以玩、什么时候必须去学习，从来都没有严格的规定，完全是取决于妈妈看到孩子在玩游戏还是在学习，或者是妈妈当下的心情怎么样。

杜绝把手机当哄娃神器

我见到过有些父母在孩子两三岁的时候，由于自己忙于工作，或者是忙于做家务，怕孩子打扰自己，就把手机或者电视当作哄娃神器。但当父母看到孩子玩手机或者看电视的时间过长的时候，或者是父母哪一方的心情不好了，又会吼叫孩子，让孩子不要再玩了，不要再看了。

吼孩子只有负面效果

我们试想一下，当孩子被妈妈吼叫批评后，或者因为玩手机、看电视这件事情和父母吵过架以后，他回到自己房间里，能情绪平稳吗？能把心思都投入到学习当中吗？显然不能。而且我朋友还使用了"如果你再不去学习，等你爸爸回来，我让你爸爸打你"这种威胁和恐吓的方式，这不但会激起孩子愤怒的情绪，还会破坏父母和孩子之间的亲子关系。

规则与网络依赖

一个家庭的规则感是非常重要的。在孩子1岁多的时候，父母就要开始和孩子一起制订家庭规则，这句话的重点在于"和孩子一起"。如果孩子没有任何话语权，当孩子不遵守规则的时候，他可能会说："和我有什么关系？那是你说的，我又没有说要这么做。"制订家庭规则的时候，和孩子共同协商好，那样孩子才会遵守。

如果家庭规则没有对孩子接触网络和手机游戏做出任何的限制，或者说父母限制孩子上网或玩手机游戏的方式不当，就会让孩子对网络的依赖如同决堤一样，难以控制。

> 我们常说"榜样的力量是无穷的",孩子是否能够遵守规则,重要的是看父母是否能够真正做到遵守规则。

规则制订的原则

第一,同时要制订奖惩机制。奖励什么、惩罚什么,由孩子自己来定,而不是父母来定。比如,按时完成作业可以玩多久的手机,写作业严重超时了就不能玩手机。当孩子列出自己的奖惩方案的时候,父母可以给出一些合理的建议,如果孩子能同意更好,这就要看父母和孩子的沟通技巧了。

第二,所定的规则不要只是针对孩子,只有对家里的每个人都有限制,孩子才愿意去遵守。

平等的规则才好执行

我以前听到有父母说:"按我说的去做,但是不允许你学我。"孩子很有可能会去对抗父母,或者即使孩子不得不去遵守这个规则,心里也是非常不服气的,一旦有机会挑战规则,他一定第一个站出来。父母要想让家庭规则能够在家里顺利推行,就必须在一种平等的状态下执行。也就是说,规则对父母同样也具有约束作用。这样孩子才愿意去配合,并遵守规则。

当父母和孩子把所有的内容确定好后,一定要找一张足够大的纸张,把所有的内容写下来,并贴到家里较为显眼的地方,然后父母和孩子一起来执行。

使用手机年龄段的重要性

对待孩子接触手机的问题不能一刀切，应按照年龄段区分。1~3岁的孩子，尽量不让其接触手机；4~6岁的孩子，尽量少接触手机屏幕，即使接触，每天也不能超过1小时；7~12岁的孩子，手机问题不宜强势打压；13~18岁的孩子，应适当干预、引导以合理使用手机。

★ 手机已经成为生活的一部分

首先，我们不得不面对一个现实，那就是我们的生活已经离不开手机了：孩子的作业领取、学习要用各种各样的手机软件，尤其是孩子上到小学高年级，手机或电脑已经成为孩子学习必备的工具。所以我们谈论让孩子放下手机、远离网络似乎不太可能。

★ 对于手机的态度，要顺应社会发展

很多父母听到这样的话，倍感焦虑："难道我的孩子就只能深陷在手机里面了吗？我的孩子就这样被废掉了吗？"

不管承认与否，手机确实已经渗透到我们的生活和工作当中了，父母已经无法杜绝孩子接触手机和网络了。实际上，完全禁止孩子接触手机、电脑这种想法在今天已经违背了事物发展的规律，而且这样的做法不但解决不了这个问题，反而出现了两种新的情况：第一，事态朝着与你想法大相径庭的方向发展了；第二，父母和孩子之间的亲子关系越来越紧张。

★ 网络内容，已经成为孩子社交的一部分

同学之间一起经常谈论的话题，如"某某游戏很有意思，可以几个人一起玩"，或者是"某某明星刚出道或刚出演了某部电视剧""有一部描述我们学生生活的电视剧，特别好看，我昨天还看了呢"……如果我们的孩子对此一无所知，慢慢地，就可能被他原来那个圈子的孩子孤立，会有一种强烈的被边缘化的感觉。

⭐ 一味压制只会反弹

还有一种情况，当孩子一听到他以前从来没有接触过的信息时，会产生强烈的好奇心，所以他也想去看看是否真有同学们说得那么好。但是孩子想去看的时候，得到的却是父母的强烈反对或者禁止，他的好奇心就会更加强烈，这样很容易出现反弹的情况。父母越禁止、越反对，孩子越想拼命看到，导致最后一切都脱离了父母的掌控，孩子从此迷恋手机游戏了或者迷恋上某个明星了。

我做心理咨询工作近10年的时间里，遇到过各种各样的家长和孩子。我举两个例子，来充分说明我所说的这个问题。

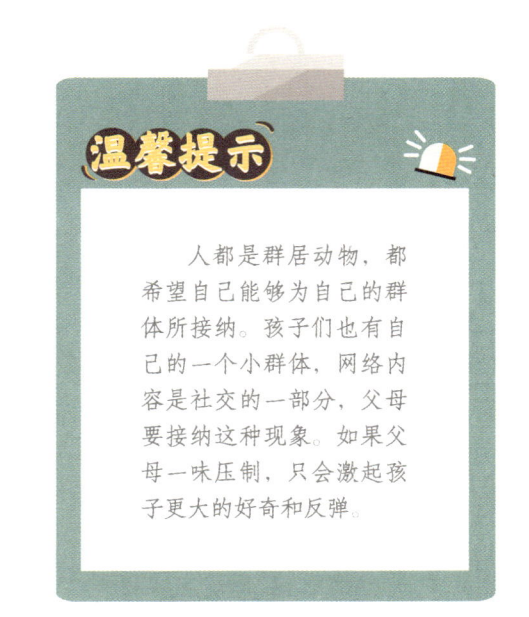

温馨提示

人都是群居动物，都希望自己能够为自己的群体所接纳。孩子们也有自己的一个小群体，网络内容是社交的一部分，父母要接纳这种现象。如果父母一味压制，只会激起孩子更大的好奇和反弹。

典型案例 1

烤肠的味道

有个孩子当时已经上小学五年级了，他妈妈向我求助的时候说，孩子非常喜欢吃烤肠，比一般的孩子吃得多。因为孩子当时和爷爷奶奶生活在一起，只要孩子要吃，爷爷奶奶就给孩子买。等孩子到了小学四年级以后，每天必须吃2根烤肠。她和孩子爸爸特别担心这样下去，孩子的身体会出问题。我和孩子妈妈简单了解之后，发现了一个问题：在孩子3岁之前，是妈妈自己带孩子，她非常注重孩子的饮食健康，小朋友在外面看见烤肠想买，她觉得不卫生，就回家自己模仿着用健康的食材做了，孩子从小都是吃妈妈自制的烤肠。有一天，他和同学讨论起烤肠的味道，结果被同学嘲笑了。后来这个孩子瞒着妈妈，几乎每天都到校门口去买烤肠吃，每次要吃4~5根。

有时候孩子自己也在想："我为什么这么喜欢吃烤肠呢？"他自己也找不到答案。

典型案例 ❷

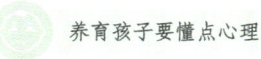

只会学习的小孩

还有一个孩子，妈妈是老师，对他管教很严格。孩子在整个小学阶段基本上不玩游戏，只学习，因此他的学习成绩很好。可是到了初中，住校了，在宿舍里，几个小伙伴经常在一起聊天，这孩子和同学们互动、交流得还不错。但是每当孩子们一起谈论游戏的时候，孩子觉得自己完全插不上话。对于游戏他和大家没有任何共同语言，因为他几乎没有玩过游戏，他觉得很孤独。

所以，这个孩子觉得他必须要去玩一玩网络游戏才能跟同学有共同话题，于是就开始玩游戏。接触了网络游戏之后，仿佛打开了新世界，这个孩子好像是一个被压得太久、太狠的弹簧一样猛烈反弹。他花了更多的时间去玩游戏，去买一些非常昂贵的游戏装备。有的时候妈妈不让他玩，他又哭又闹，甚至还用割腕的方式来威胁妈妈。孩子的妈妈悔不当初："要知道孩子会成为这个样子，当初就不对他管教那么严了。"

★ 堵不如疏

通过以上案例，父母可以反思这样一个问题：既然电子产品已经彻底渗透到我们生活当中，如何让孩子远离手机呢？是堵，还是疏？

试想，父母担心孩子的免疫力没那么强，容易生病，所以要把孩子保护好，有两种办法可供选择：第一种保护方法是把孩子放到一个没有细菌的环境当中去，这样孩子就会很安全，不会被病毒、细菌感染；第二种保护方法是锻炼孩子身体，增强身体免疫力，再接种抗病毒疫苗，为孩子打造属于自己的防护屏障，即使不小心被病毒感染了，孩子也可以通过自身的免疫力保护好自己。很显然，第二种疏导方法比第一种隔离病毒的方法更切合实际，更实用。

★ 建立好规则

有些父母可能会担心："我让他玩游戏，万一他没有节制怎么办？如果他越来越上瘾怎么办呢？我根本不放心让他去接触这些。"其实，孩子之所以会上网、玩手机游戏上瘾，主要的原因是父母陪伴孩子的时间少，玩手机之前父母和孩子没有制订具体的规则。规则建立好，双方都能够遵守的情况下，父母所担心的问题就不存在了。

★ 规则不能只约定孩子

可能有的父母给孩子制订了很多规则，但是这个规则只是针对孩子的。在家里，只许父母这个"州官"放火，却不许孩子这个"百姓"点灯。强压之下必有反抗，后果是什么，我们可想而知。

关于玩手机如何制订规则的 5 条建议

📢 第一，孩子不到 16 岁，手机的归属权归父母所有，孩子只有使用权。成年人玩手机都无法控制自己，更何况是孩子呢？

📢 第二，16 岁以前，做完作业后，孩子什么时候用手机、什么时候不用手机，要按照父母和孩子所约定的时间。不用的时候，手机要交到父母手里。16 岁以后，孩子睡觉前要把手机交给父母。

📢 第三，如果孩子要玩游戏，一周玩几次，一次多长时间，都要规定好。孩子做到了，会有什么奖励（随机奖励）；没有做到，应该怎么办（征求孩子意见）。

📢 第四，父母回到家后，没有工作需求和其他事情，不要当着孩子的面玩手机。父母能控制好，孩子才能控制好手机的使用时间。

📢 第五，严格遵守以上规定。父母有没有做到，孩子有没有做到，相应的奖惩机制可以由父母和孩子一起商定。

⭐ 父母的态度：温和而坚定

要想让规则在家庭当中顺利推行，必须是在一种平等的状态下，规则应该能限制到家庭的每一个成员。比如，什么时候可以玩手机，不仅仅是对孩子来说的，对父母同样有约束作用。这样孩子会想：即使我想玩手机，可是我要去遵守这个规则。按照这个规则，属于孩子玩手机的时间，父母要坚决做到不打扰。但是时间到了，不管孩子有再多的理由，或者说孩子的心情再糟糕，父母都要温和而坚定地把手机拿走。当然，可能有的时候孩子也不一定完全遵守，那就要和孩子一起制订奖励和惩罚机制，并把这些用纸写下来，贴到家里显眼的地方，由父母和孩子一起来执行。

> **温馨提示**
>
> 你的家庭当中如果还没有和孩子建立关于手机的规则，请马上开始建立并执行。听话、照做，向有结果的人去学习并按要求做到，你也一样能够获得好的结果。

手机成瘾与抑郁症的关系

最近几年来做心理咨询的父母和孩子，尤其是处于青春期前后的孩子，患有轻度抑郁症的比例相当高，还有一部分患躁郁症的。为什么会出现这种情况呢？

典型案例 1

休学的大学生

河北石家庄有一位家长请我给她儿子做心理咨询。在咨询的过程中，我了解到这个男孩在读大二的时候被迫休学回家。起因是孩子在上大学之前，父母管教孩子非常严格，不仅规定什么时间学习、什么时间上床睡觉，甚至吃饭时间都要控制在20分钟以内。父母反映孩子之前一直比较听话，学习成绩从小学到高中都是非常不错的。

男孩有个比他大三岁的姐姐，考进了一所985院校。所以他上了高中以后压力特别大，曾经一度想休学。但在父母和姐姐的帮助下挺过去了，并考进了南方一所不错的大学读工科。

可能很多父母在孩子考上大学以后，就如同见到了黎明前的曙光，认为后面会一片光明，所以在孩子上了大学以后就开始放松了。这位妈妈就是这样认为的。孩子上了大学以后，不仅衣服、用品都买了新的，还给孩子买了手机。

孩子在大一第一学期，学习成绩还是很不错的，但第二学期有两科挂科。这位妈妈还特意为此去了一趟学校，在学校陪了孩子3天，妈妈感觉孩子也没有什么特别大的变化，就放心了。结果在大二下学期，学校的心理辅导老师打电话给孩子的父母说："你儿子在学校里表现得非常异常，学校建议让孩子休学1年。"

> 为什么孩子到了大学，看到了曙光，却又出现心理问题了呢？

父母把孩子从学校接回来后，才知道儿子玩手机游戏已经2年多了，而且还得了抑郁症。儿子回到家以后，每天除了玩手机，几乎什么都不做，有的时候甚至连饭都不吃。夫妻俩为了孩子能够好起来，什么办法都试过了。半年多时间过去了，男孩没有任何变化。当初大学的老师说得很清楚，如果这个孩子1年后不能回到学校去上学，就不给保留学籍了，那就意味着孩子将拿不到大学毕业证。时间紧迫，夫妻俩非常着急，正好在刷短视频时看到了我，向我做了心理咨询。

家长的困惑

心理学家认为，与其他各种因素成瘾者一样，手机成瘾的人可能是在尝试修复自己的情绪。上网或者玩手机游戏有助于消除烦恼，获得抚慰。

虽然孩子也知道玩手机会影响他的学习成绩，影响他以后的生活，他也非常想要戒掉手机游戏，但是当他放下手机以后，内心又非常恐慌，就会再次拿起手机，内心在玩与不玩两种状态之间经受折磨。

当我这么讲给一些做咨询的家长听的时候，他们通常会问我一个问题："是手机成瘾影响了孩子的情绪，导致他不能安心学习，还是因为孩子情绪不好，想要找个排解的东西，所以选择了手机？"

过度使用手机与情绪不稳定相伴而行

美国贝勒大学的研究者发现，过度使用手机与情绪不稳定相伴而行，经常查看手机可能是抑郁症的迹象。因为调查结果显示，频繁用手机的人喜怒无常、追求短暂刺激、言行不可靠、注意力不集中；性格冲动的人更容易依赖手机。

放下手机，多去户外运动，能疏解孩子的不良情绪。

典型案例 2

父母不理解，孩子更抑郁

曾经向我做过心理咨询的一个中学生，调整了1年后彻底走出了心理的阴霾。她后来又找到我，希望我可以帮助她的一个同学。经过沟通，我才知道她同学的父母在她很小的时候就离异了，之后各自重组家庭，同学就只能和奶奶在一起生活。奶奶不懂得怎么教育孩子，要么过度宠爱孙女，要么呵斥孙女。一个没有被爱滋养的孩子，能不出问题吗？她找到亲生母亲，让妈妈带她看医生。这个妈妈一直都没有重视过，认为不过是小孩子胡闹，"一个才13岁的孩子怎么可能会得抑郁症？"这是她妈妈的原话。我听到这句话后，愣了半天。

13岁得抑郁症是很常见的，我接触过年龄最小的抑郁症患者才4.5岁。这个妈妈在孩子央求她2个月后，在我这里得到确认，才带孩子去了医院，医生给孩子开了很多药，之后妈妈就再也没有看过孩子。孩子后来问我，那些药她到底要不要吃。那一刻，我感到这个孩子无比可怜，她患上抑郁症并不是完全由于玩手机导致的，真正的原因是父母无情的抛弃以及奶奶不懂教育，药能解决问题吗？不回到源头去解决问题，这个孩子一生都要在痛苦当中度过。当年我的大学同学和这个女孩面临着一样的问题，现在依然孤身一人，仍然没有从抑郁当中真正走出来。

去网络中寻求心理慰藉

据中国社会科学院国情调查与大数据研究中心统计的数据，2015年中国25周岁以下青少年网民已达到青少年人口总体的85.3%，18周岁以下未成年网民大约占青少年网民的50%。

第一次看到这个数据的时候，我大吃一惊，不到18岁的孩子使用网络的占比竟然接近一半，究竟是什么原因让这么多的孩子在网络上寻找心理慰藉的出口呢？主要的原因就是家庭教育，原生家庭教育问题就是青少年问题的源头。

作为父母，你知道孩子为什么会得抑郁症吗？

成瘾与抑郁

大量研究表明，成瘾与抑郁往往相伴发生，成瘾能增加抑郁的风险，是抑郁的重要诱发因素。无论是成人还是孩子，如果每天刷手机或者玩游戏的时间超过3个小时，基本上属于成瘾状态，要及时干预。

有的父母不太重视孩子的心理健康

从2018年开始，我经常接受深圳各区妇联的邀请，到各大社区和街道进行家庭教育讲座。妇联组织这样的课程，基本上是提前1周做宣传，但去听课的人少之又少，即使去了也心不在焉。这就是中国各个省市地区的街道办和妇联组织家庭教育讲座的现状。父母什么时候才会重视家庭教育问题呢？孩子感觉到自己抑郁了，父母还没有任何的感觉；不达到非常严重的时候，不会重视；孩子出问题了才开始害怕。

不得不说的学习压力

学习压力也是导致很多孩子网络成瘾、游戏成瘾的一个重要因素。这个时代的孩子，每天有做不完的作业，做不完的试卷。有的时候我的确感到很困惑：我读初高中的时候，作业很少，卷子很少，我周边的同学也都没有这么大的压力。是什么导致了现在孩子学习压力那么大的？这是值得大家去思考的问题。因为学习压力导致抑郁情绪严重的孩子年龄也在逐年降低。

发现情绪问题，及时调整

我建议当孩子长时间沉迷手机、经常情绪低落，或者是已经出现了作息不规律的问题时，一定要及时找专业的心理咨询师做咨询，然后多和亲戚、朋友联系，勤沟通；也可以让孩子多出去运动，多参加集体活动，转移情绪，让孩子尽量快乐起来，调整状态，远离抑郁。

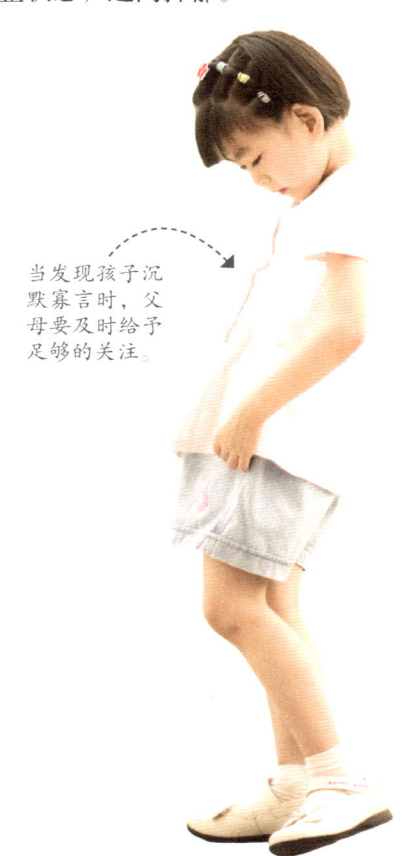

当发现孩子沉默寡言时，父母要及时给予足够的关注。

建立多维度价值评价体系

在智能时代，手机几乎成了每个成年人生活和工作的必备工具，同时也对孩子的生活和学习产生了巨大的影响，想让孩子远离手机似乎成了一件不可能的事情。那么，如何让孩子少用手机呢？

多维度的价值评价系统可以帮孩子在现实中获得成就感

要让手机成瘾的孩子放下手机，不能单纯用一个方法解决这个问题。它需要从全方位的视角去看待，去努力。如果父母能够用心读完本书，就能够将所有的因素和方法结合到一起，犹如完成一个完整的拼图，组合出一个完整的答案。

在预防孩子网络成瘾、手机成瘾的事情上，我建议父母首先要帮助孩子建立生活和学习当中多维度的价值评价系统，让孩子在现实生活当中有成就感，让他的自信心能够得到满足。如果做到这一点，网络对他的吸引力也许就没那么大了。

乐于助人就是值得称颂的

父母需要让孩子认清一个事实：学习好是一方面；才艺好是一方面；情商高、人缘好是一方面；热心肠、乐于助人也是一方面。我们要从多方面去评价一个人，一旦某一方面遭遇了暂时的挫败，孩子还有其他的价值评价体系做支撑。

唯学习论是违背多维度价值评价的

什么叫作唯学习论呢？其实不少的父母是唯学习论的，即一个孩子的学习成绩好，他就什么都是好的；如果这个孩子学习成绩不好，那么他什么都不是。容易被网络诱惑的孩子，第一种是学习成绩不好的孩子，第二种是曾经学习成绩很好，遇到了一些挫败，调整不过来的孩子。为什么？就是因为这些父母把学习成绩的好坏当作了衡量自己孩子是好孩子还是坏孩子、好学生还是坏学生的唯一标准。

典型案例 ❶

受挫的高才生

我曾经接到过一个硕博连读的学生的求助。他一路读到博士，学业都特别顺利，读书也让他获得了很大的成就感。但是除了学习，他什么都不会做。不过没关系，他认为学习已经给了他足够的成就感和自信心。但遗憾的是，在博士毕业前夕，他却被要求延期毕业。这样的挫败让他产生了很强烈、很严重的抑郁情绪，甚至出现了拿刀子去扎自己大腿的自残行为。

设想一下，如果这个男生在学习上的挫败发生在中学阶段，那么他会不会在遇到挫败后，很快就被网络吸引了呢？因为他只能通过学习来证明自己，在学习上一旦出现了挫败，他觉得无法再通过学习去证明自己获得荣耀，同时又不知道还有什么其他的方法能够证明自己时，思想和行为可能就会出现偏差。

温馨提示

父母还要学会让孩子建立属于他的成就感和自信心。父母要协助孩子去做一些他没有做过的事情，多做一些新鲜的尝试。

⭐ 成人也不要只对一件事有执念

如果人生只靠一个支点支撑，这个支点一旦消失，可能整个人生就有一种崩塌的感觉。比如，一些女性朋友会把婚姻的成功与否当作自己价值评价体系的唯一标准，认为离婚就是自己失败了，因此哪怕家庭生活不幸福、很痛苦，也坚持不离婚，这只会增加自己的痛苦；或者即便一个人暂时在某个领域取得了成就，但是稍微遭遇一些挫败，可能就会前功尽弃。所以，我们都要学会去建立多维度的自我价值评价体系。

⭐ 父母要明确好定位

需要强调的是，父母要把自己定位为一个协助者。当一个孩子想去做一些事情的时候，父母去帮助他；当这个事情成功之后，要把更多的功劳归于孩子。当然如果孩子在做这件事情的时候遇到困难了，父母可以帮助他一下。父母需要把握好孩子在一个事件中的具体位置，这就更容易让孩子获得成就感。

- **不要唯学习论**

  如果孩子成绩不好，对他们造成的打击会很大。

- **人生不能只有一个支点**

  如果人生只有一个支点，当支点消失时，会有人生崩塌的感觉。

- **协助不是命令**

  父母要把自己定位为一个协助者，而不是一个命令者。

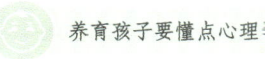

抑郁的少年和忙碌的高管爸爸

2021年的时候，我接过一例心理咨询。孩子13岁，上了八年级以后，几乎每天晚上都失眠，刚开始失眠那段时间，孩子想着："反正睡不着，就用这个时间来学习吧。"其实我们都知道人在失眠的状态下学习效果肯定不好，因为这种状态本身就很痛苦。时间一长，孩子的学习成绩呈断崖式下滑，内心就慌乱了。孩子感觉到自己再怎么努力也赶不上去了，也不可能再冲到班级前5名了。当他产生这种心理以后，就开始玩手机游戏、刷短视频了。直到有一次在网课期间，孩子竟然连续玩了3天3夜，最后昏迷被送进医院。父母才知道孩子的抑郁情绪已经到中度了，才感到特别的恐惧，到处寻医问药。

第一次咨询是孩子和妈妈一起来的，我了解了一些情况，就建议第二次爸爸一定要来。当我见到这个爸爸时，就找到了孩子出现问题的原因，2个小时的时间里，这个爸爸几乎没有坐下来过，一会一个电话。妈妈说爸爸是某知名公司高管，每天工作非常繁忙，而且爸爸看起来很年轻，完全不像一个中年男性，孩子的妈妈看起来特别疲惫，似乎承受了很多。

在咨询后半段，我问了这个爸爸一句话："您认为您的工作更重要还是您的儿子更重要？"他愣了几秒钟才说："我没听清您的问题。"我又把这个问题重复说了一遍。他略微思考了一下回答我说："当然是我的儿子更重要。""好，那后面这半个小时您不能再接听电话了，您今天来我这儿不是来办公的，而是来解决孩子问题的。"

他并没有接我的话，也没有特别认真地听。我说："如果你要解决你儿子的问题，就要正视这件事情。孩子抑郁情绪这么严重，本质的原因是他有个非常有能力又有魅力的爸爸，而爸爸对孩子又有过高的要求。"这个爸爸好像明白了什么："是我们做得不够好，给孩子太大的压力了。我平时工作太忙了，几乎没有时间陪伴孩子。"

我接着对爸爸说:"像您这么有悟性的人,其实不需要我多说,您就知道如何去做。"

这个爸爸在后面的半小时里真的一个电话都没接,而且详细问了解决方案,需要他配合什么。我把具体的相关内容做成了表格,把下周需要做到的内容发到了孩子爸爸的电子邮箱里。这位爸爸也主动约了下周的见面时间。

经过4周的咨询,孩子明显好转了很多。来到我的工作室后,和我聊天时也能做到很自然了,不像第一次见面时话少又不自信的样子了。孩子说:"这1个月以来,爸爸每天都准时下班回家陪我,我的理科现在基本上都是爸爸在帮我补课,我爸爸上中学的时候那可是个超级厉害的学霸呢!"从孩子骄傲的表情上,我感受到了这个孩子的偶像就是自己的爸爸。在20个小时的咨询全部结束的时候,爸爸妈妈带着孩子一起来感谢我,我只说了一句话:"应该感谢你们自己,因为只有自己才能够救赎自己,别人是无能为力的。"

● 再忙的工作也要顾家
不能因为工作忽略家庭,不然孩子可能会寻求别的依靠,比如网络。

● 孩子手机成瘾需要的是父母的陪伴
要多陪伴孩子,不只对孩子提要求,更不是靠吼叫、唠叨、指责。

● 父母要做孩子的后盾
有了父母的支持,孩子才有力量去克服更多困难,才会更自信。

孩子是自己人生的主角

通过这个案例,我们都能体会到,帮孩子戒掉手机瘾不是父母要求孩子做到,而是父母要当协助者。当孩子能够重新回到以前的轨道上,父母要把功劳归于孩子。父母摆正自己在这件事情当中的位置,让主人公获得成就感和价值感。

有了父母的支持,孩子才能成为自己的摆渡人,才有可能更加勇于去尝试新的挑战。当孩子挑战成功以后,自信心才会重新建立;在孩子失败的时候,父母也不要急于一时,因为那样可能会给孩子带来巨大的心理创伤。

温馨提示

当父母能够转换一个角度,从另外一面给孩子做出积极正向评价的时候,我们给予孩子的多维度的价值评价体系才能够更好地建立。

父母的态度与执行力

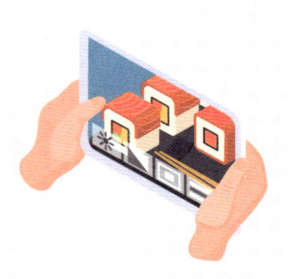

德国著名哲学家雅斯贝尔斯说:"教育的本质是一棵树摇动另一棵树,一朵云推动另一朵云,一个灵魂召唤另一个灵魂。"父母想要教育出一个优秀的孩子,首先自己要朝着这个方向去努力,并且坚持去做。

★ 说一样,做一样

从 2012 年开始,我在全国各地做家庭教育的讲座。为了和家长解释孩子为什么不听话,我经常通过互动游戏给大家演示。我对家长朋友们说:"请大家来跟我一起做一个动作,请把你的左手放在额头上。"在我说出这句话的时候,我把我的左手放在了下巴上,于是我看到有相当一部分家长的做法和我做的一模一样;还有一部分家长听出来我说的和做的是不一样的,他们就很迷茫,把手放在空中,不知道到底是按照我说的那样去做,还是模仿我的动作,纷纷说道:"于老师,你说的和做的不一样,我们到底应该怎么做呢?"我大声地呵斥说:"大家不要说话,请大家听我的口令,按照我的动作来做,把你的左手放在你的额头上。"这个时候家长就更加迷茫了:"你说的跟你做的不一样啊,我到底怎么做才是对的呢?"

★ 父母的做法才能真正影响孩子

通过这个小游戏,我想告诉家长一个道理:在生活中,很多父母在教育孩子的过程中也存在同样的现象,父母说的和做的不一致。这同样也会产生两种情况:第一种情况就是孩子根本不会听父母说什么,他只会模仿父母的动作,父母是怎么做的,他就按照父母的行为来做;第二种情况就是孩子看到父母嘴上说着努力,自己却躺在沙发上玩手机,孩子也会觉得非常迷茫。

- 避免只提要求不做榜样

  孩子不会听父母说什么，会看父母做什么。

- 做不好榜样无法说服孩子

  父母自己抱着手机却要求孩子写作业，孩子不会听。

- 积极、正向的生活可以给孩子好的影响

  多陪孩子，积极向上，孩子也会上进。

父母说一套做一套，孩子怎么会服气

父母嘴上说"赶紧好好学习去"，自己却躺在沙发上刷着手机，孩子能心甘情愿地在房间里写作业吗？他可能会想："爸爸玩的是什么游戏？凭什么他就可以刷手机、玩游戏，而我不行！"

如果说孩子拿着手机在看短视频或者是玩游戏，有些父母就会呵斥孩子："你干吗呢？这是一个孩子能看、能玩的吗？你给我学习去！"如果孩子说了一句："凭什么你能玩，我不能玩？"父母一听，孩子还敢顶嘴？马上厉声呵斥："你哪儿来那么多话？我让你去学习，你就赶紧去学习。我是大人，大人就可以玩！"孩子年龄小，觉得自己说不过父母，只能憋着一肚子气回自己房间去了。等孩子到了小学四五年级以后，吵架还会升级。有些孩子可能当天晚上能把情绪消化掉，有些孩子第二天还冲父母瞪眼，即使孩子当天晚上去学习了，也没有任何的效果。等孩子上了初中以后，情绪和状态就会产生强烈的反弹，通过叛逆、冲父母吼叫、发脾气、手机成瘾、早恋等来和父母对抗。

积极、正向的生活才能产生好的影响

一些父母会比较迷茫："我在家里根本就不玩手机，也很少看电视，但是我的孩子也会刷短视频、玩手机游戏或者看电视。这怎么是言传身教呢？我没有给他树立不好的榜样啊？"这些父母一定要明白，给孩子树立榜样，不仅仅是指在这些方面你要成为孩子的榜样。你可以思考一下，平时在生活和工作当中，你的态度和行为是怎样的？是正向的、积极的，凡事都能够自我反思，从自身找问题，还是消极的、负面的，遇到事情总是我没问题，都是别人的问题？想一想，你是否做到了严以律己。

温馨提示

人都有趋利避害的本能，当孩子看到父母有双重标准的时候，他本能地就会去参照那个对自己更加有利的标准去做。我和很多孩子沟通关于游戏和学习的时候，孩子们表示，玩游戏会比学习更加轻松，学习会让他们更加辛苦。

活成一道光

如果父母能做到活成一道光，照亮自己，照亮别人，能够做到"严以律己，宽以待人"，生活规律；能给孩子多一些陪伴，亲子共读或者游戏；周末在家陪家人或者带孩子出去游玩，和孩子有很好的情感链接，孩子还会迷恋手机吗？如果父母自己经常出现负面情绪，生活没有规律，没有节制；一说陪孩子，仿佛自己是国家领导人，天天日理万机，10分钟都抽不出来；对待爱人婚前亲亲爱爱，婚后又吼又叫，凡事都是对方的错误……孩子不迷恋手机都很难！

一切改变只有持之以恒才有效果

有家长找我做咨询的时候和我说："于老师，孩子对学习好像从来都不着急，每天就拿个手机在那里玩，说一说，就动一动。孩子青春期了，我们也不敢说重话，上个月，他们学校就有个孩子因为手机的问题跳楼了。"

实际上，很多孩子对待学习也是非常着急的。孩子知道自己的作业没有写完，老师会批评。自己也知道一直玩游戏肯定不行，但无法控制自己。很多家长从来没有站在孩子的角度考虑问题，所以我在学校给家长上正面管教课程的时候，每次来上课的家长都比较少。这并不是因为家长不重视孩子的教育，而是因为角色体验的课程，有些家长上完课程后，体验感很好，回到家只坚持了3天或者1个星期，就被打回原形。如果没有人每天跟进自己学习后的践行情况，有方案，却没有反馈，就难以执行。这就和孩子去夏令营14天，回来3天内有变化，第4天又被打回原形是一个道理。

教育的本质是影响

教育的本质不是讲道理而是影响他人。我常说能改变自己的人是神，想改变别人的人是神经病。想通过说教的方式去改变孩子只是一时的，根本的解决方式还是父母要做好自己，从而影响孩子，而不是自己都做不到，却要求孩子去做到。

> **温馨提示**
>
> 如果父母感觉难，不妨向原生家庭当中去寻求答案，找到原因后，再去解决这些问题。解决原生家庭问题，需要通过学习领悟事情的本质，自我改变，然后才能够引导孩子朝着正向、积极、阳光的方向发展。

第七章

厌学和抑郁的"两厢情愿"

　　厌学与抑郁症有一定的关联。因为抑郁症很容易引起情绪低落，对任何事情都缺乏兴趣，容易疲倦和乏力，注意力不集中，记忆力下降，思维缓慢。有抑郁情绪的孩子很容易会出现学习动力下降、学习效率低和学习成绩差的问题；严重时还会危害孩子与同学之间的人际关系，比如敏感多疑，总是怀疑同学们在背后议论自己，或者说自己坏话。因此，与周围的同学关系紧张，甚至发生矛盾、冲突，不明白学习的意义到底是什么，这些都很容易导致厌学。

家庭作业的分量

一提到作业，尤其是小学生的家长，觉得苦恼的地方就在于：孩子拖拉磨蹭，不会做，一做就错，这让家长检查作业时感觉很痛苦，真是"不写作业母慈子孝，一写作业鸡飞狗跳"。

正确认识当下学生的学习任务

当下孩子们的作业越来越多了，很多孩子的作业根本就写不完。我辅导过越越的作业，小学三年级的作业，从背的到要自己完成的，再到抄写的，还有需要在手机上完成的，加起来比我当年初中的作业还多。我当时就想，这么多作业，难道孩子都做完了、做对了就能全部吸收了吗？孩子的大脑毕竟不是电脑，不能加CPU（中央处理器），更不能增加硬盘的容量，那孩子怎样才能把这些内容全部都消化，并且做到举一反三呢？

当下学生的压力很大

有人总结过一组数据，结论是：现在孩子学习的内容大约是"80后""90后"那两代学生所学内容的3.5倍。但是如何提升3.5倍的效率，老师并没有教给学生，估计老师自己都不知道如何提升吧！现在中学生的家长感觉作业就是"阿尔卑斯山脉"，从周一到周五，手机上的作业一个接一个，父母生怕没看清楚又漏了一项，导致孩子明天又要罚抄。孩子压力很大，家长也很焦虑。

学习任务挤压了孩子们的运动时间

其实这还不是重点，重点是由于现在的孩子几乎不能像父母小时候那样，早早写完作业，出去找小伙伴一起玩了。父母那一代人小时候并不知道那些无意当中的小游戏是治愈感统失调和专注力差的"良药"。因为没有时间运动，所以专注力越差的孩子，学习成绩就越不好，最后形成恶性循环。等孩子上了小学高年级，基本上就变成了"恶性肿瘤"。

> 任何问题，父母都要早发现、早应对，不要等到无法挽救时才醒悟：原来很多是因为自己的错。

基础打不好，小学阶段会显出差距

很多家长最初对感统知识基本上处于一无所知的状态，甚至有家长和我说："我孩子挺聪明的，小时候教孩子背古诗可快了，为什么到了小学就不行了呢？作业就是写不完，而且好多还不会，这课堂上听啥了呢？"还有家长说："孩子小时候是个机灵鬼，上小学是个调皮蛋，到了初中基本上就游走在最后几名，这是发生了啥？基因突变吗？"给家长做咨询，有的时候跟听相声似的，但回味起来又是那么苦涩，出现这种情况，和早期没有注重感统训练有很大关系。

孩子和家长的理想状态

小学的孩子，少点作业，多点玩耍；小学的家长，少关注吃喝，多学习常识（感觉统合失调解决、专注力培养），让孩子在玩耍中培养好自己的专注力；家长在学习中拓展自己的思维。这才是理想状态。

让求知欲飞一会

现在的孩子有求知欲的真的不多，原因不仅是每天有堆成山的作业、厚厚的卷子、课外必考书目以及学校组织的各种活动，还有各种兴趣培训班。这样的情形，孩子如何不抑郁？

孩子不是攀比工具

为什么孩子对很多事都失去了好奇心呢？我们会发现这个时代的孩子面临的竞争很激烈。有些孩子还不到3岁，父母就开始给孩子报辅导班和兴趣班了。很多父母会抱有"我们坚决不能输在起跑线上"的想法，每次听到家长讲这样的话，我就替那个孩子难过。孩子是父母攀比的工具吗？当角色和定位都发生错位的时候，一切就都错了。

培养学习习惯的办法

在孩子幼儿时期，重要的不是让孩子去上和语文、数学、英语相关的课程，而是培养孩子良好的习惯（生活和学习）、学习能力以及解决问题的能力。那么，通过什么来解决呢？

> **第一，锻炼孩子，父母要舍得用孩子。**
>
> 父母不要做"母鸡"，把孩子保护在自己的"翅膀"下，而要做"雄鹰"，把孩子带到悬崖上，带他去飞，带他去展翅翱翔。
>
> 爱有很多方式，父母应该怎么去爱才是对的，这是值得很多父母去思考的问题。
>
> **第二，用阅读力带动其他学习力。**
>
> 父母要想办法让孩子爱上阅读，保持他的求知欲。有一类人，他们在全球人口中的占比很少，却为世界文明的发展做出了卓越贡献。这些人的名字如雷贯耳——爱因斯坦、马克思、罗斯柴尔德、毕加索、奥本海默……他们的成绩如此突出，我认为这可以用爱因斯坦的话进行解释：对知识本身的追求，对正义近乎偏执的热爱，以及对人独立的渴望，就是这些人的共同特点。

🔍 阅读需要仪式感

不要把读书这件事情搞得苦大仇深。阅读力是五大学习能力（包括阅读力、专注力、观察力、记忆力、思维力）之一。孩子坚持阅读，专注力也会有所提升。尤其是一些书本当中包含了强大的逻辑思维，对孩子的思维能力也是一种培养。在阅读的过程当中，父母也可以用提问的方式来引起孩子的思考，比如，不用扫帚，怎么把地板弄干净？还可以鼓励孩子续说故事，拓展孩子的思维。在这个过程中，父母不要问选择性的问题，要问开放式的问题，引导孩子自己学会独立思考。

🔍 亲子阅读和亲子游戏能保持孩子持续的求知欲

国际著名的儿童心理学家让·皮亚杰认为，孩子在成长的过程中，最能让儿童接受的就是通过游戏学到知识。这种方式学到的知识，让孩子们印象深刻，难以忘记。

所以父母也可以通过玩游戏的方式，让孩子更加生动地记住游戏过程中出现的那些知识，而且在游戏的过程中还可以培养孩子的观察能力。

所以在孩子6岁之前，父母多陪伴孩子进行亲子阅读，做亲子游戏，是让孩子的求知欲多"飞"一会的好方法。

培养孩子的好奇心

很多父母发现孩子对什么事情都不感兴趣，会非常着急。尤其是当孩子上了小学以后，没有好奇心就没有求知欲望。所以要让孩子有求知欲，父母要把重点放在培养孩子的好奇心上。

培养孩子良好的阅读习惯，能激发孩子的求知欲。

把书香根植于孩子的心中

书籍是孩子汲取营养的源泉，洗涤灵魂的净水，越过海洋的帆船，寻找人生价值的钥匙。但不知何时，书籍成了用来考试的工具。书籍对孩子的意义到底是什么呢？

读书的目的是什么

我们可以从上下五千年的历史中寻找答案。

孔子的弟子曾参提出：格物、致知、诚意、正心、修身、齐家、治国、平天下。

汉代的刘向说："书犹药也，善读之可以医愚。"

唐代诗人杜甫说："读书破万卷，下笔如有神。"

宋代的欧阳修说："立身以立学为先，立学以读书为本。"

唐代书法大家颜真卿说："黑发不知勤学早，白首方悔读书迟。"

……

关于读书的目的，古今中外的名家各有各的说法。总结起来无外乎：生而为人，重要的一件事就是要读书，读好书才能描绘出丰富多彩的人生。

读书的功利性

如今的很大一部分孩子读书的唯一目的，放在古代是考取功名，放在当代是考上大学，清华、北大是优选，退而求其次是985、211院校；找个好工作，去知名大企业或事业单位当公务员、教师、律师、医生等。

总结起来，无非是为生存求得一份好工作。读书的目的不再是从修身开始，然后到齐家、治国、平天下了，而是变得非常功利。

很多孩子抵触读书

我相信看到这里，很多家长会说："我们有什么办法呢？现在就是这样一种情况，没有学习任务我的孩子还不喜欢读书呢。"确实，如今的孩子爱读书的没有几个，一提到读书，一提到学习，就很抗拒。是什么让如今的孩子一听见读书和学习这几个字就望而却步呢？

阅读并不简单

实际上,从脑科学角度来说,孩子不喜欢学习、不爱阅读,都是非常正常的现象,这一切都有科学的依据可循。要想让孩子爱上阅读,父母需要通过长时间的文字刺激和阅读训练,让孩子的大脑逐步升级并成为"阅读脑"。

阅读在我们看来是一件很简单的事情,不过就是开口去阅读。但是实际上阅读涉及很多方面——看、说、注意力、记忆力,甚至还要大脑其他区域相配合才能够完成的。

不要把阅读当成考试的工具

教育小课堂

在孩子5~7岁这个阶段,大脑发育会基本完成。这个阶段大脑里的"文字盒子区",也就是大脑里专门处理文字信息的区域,对文字刺激产生的反应和处理过程会更加强烈、更加迅速。

在这之后,大脑才会把处理过后的信息发送到我们身体的各个感觉区域当中。比如,人看到好吃的东西就会不自觉地流口水,这就是"文字盒子区"的功劳。父母要让孩子真正地爱上阅读,实际上需要一个循序渐进过程,也就是说,通过多方面的培养来让孩子爱上阅读。

典型案例

越越3个多月的时候,我就开始给她阅读绘本。2岁左右,越越就喜欢阅读唐诗,因为唐诗朗朗上口,大部分语句对仗工整。我休息的时候在家里会诵读《大学》《论语》《中庸》,5岁左右的越越偶尔也会背诵出其中的几句,乃至于可以大段地背诵《大学》。

当越越7岁的时候,她阅读小学的必读书目,反而没有以前那么流畅。这是因为阅读要想吸收得更好,需要经过大脑的识别、处理,再到理解。

培养一个爱阅读的孩子,让孩子徜徉在书香的海洋当中,唯一的途径就是让孩子坚持做到每天阅读。让孩子体会到阅读的美好,而不只是把阅读、学习当成一种考试的工具。

爱是城堡还是囹圄

我们常说：天下没有不爱孩子的父母。但很多时候父母给予孩子的爱无形中却变成了一种伤害。这是我多年从事家庭教育和心理咨询的一点感悟。那么，什么样的爱才恰到好处呢？

父母要给孩子力量

著名作家鲁迅先生说："父母亲存在的意义，不是给予孩子舒适和富裕的生活，而是当孩子想到父母时，内心会充满力量，会感受到温暖，从而拥有克服困难的勇气和能力，以此获得人生的乐趣和自由。"但是现在绝大部分父母存在的意义往往是给孩子吃饱喝足穿暖，精神力量能给予孩子的却少得可怜。

典型案例

不配合的孩子和玻璃心的父母

有个6岁的孩子在书法班里上课。第一天上课，父母可以在外面观摩。这个小朋友坐在座位上一动不动，而其他比他小的孩子，都开始写字了，这些孩子也是第一次上课。老师就过去问："小朋友，怎么了？你怎么不写字呀？"孩子用大眼睛望着老师："老师，我不会写呀！""你看老师给你写一个'一'字，就这样起笔，横着写，来，你也写一个。"老师给孩子写了一个"一"字，再让孩子模仿，结果过了5分钟，他还是没有写。老师就握着孩子的手，在习字格里写了一个"一"，再让孩子写。这孩子还是说自己不会写。老师反复尝试，孩子就是不肯写，然后望着玻璃外面的父母。

老师非常有耐心地带孩子写，和孩子说怎么写的时候，声音有所提高，因为老师以为孩子没有听明白。结果教室的门被孩子的妈妈推开了："老师，你不能这么大声和他说话，你吓到他了。"老师觉得挺委屈的。

什么样的爱才能让孩子感觉刚刚好呢？

🔍 爱的囹圄

我很不赞成那位母亲的做法，也特别能理解这位老师每天的苦恼。父母送孩子来上课，每节课都是要结果的，但是父母在家里什么都不让孩子做，孩子小手指的肌肉一点都不发达，哪里来的结果呢？孩子不动手去做事情，年龄大了就会做了吗？好习惯的养成是从小培养的，不是随着年龄增长自然养成的。

我记得以前接触过一个7岁的男孩，他从来没有自己倒过开水，因为他父母怕烫到他。父母认为，我把孩子保护好，就是爱孩子。这样的出发点是好的，但得到的结果却是恰恰相反的，父母给予孩子的不是爱的城堡，而是爱的囹圄。

🔍 如何爱孩子需要父母学习

在成为父母的那一刻开始，我们就要去学习，去成长。保持固有的想法，对我们的生活、工作，乃至于成长，都是一种羁绊；敞开心扉，去接纳一些你从未接触过的思想和认知，会让你的认知上升一个层次。当父母懂得如何去满足孩子心理所需要的爱，我们就不会浅薄地用自己固有的想法去封闭孩子的心灵。

父母可以在游戏中营造轻松的互动氛围。

要有爱的能力

父母爱子女，心中有爱的能力，才能给予孩子爱。如果父母在自己的原生家庭中也是伤痕累累，那他给予孩子的这份爱也是伤痕累累的。先爱自己，才能够爱别人。内心有爱，予子幸福，搭建的是爱的城堡；内心无爱，予子苦难，搭建的是爱的囹圄。

叛逆、抑郁、早恋，令人无法招架的青春期

十几岁的孩子本该青春洋溢、热情似火，却被青春期压弯了腰。叛逆、顶嘴、打架、早恋、厌学、逃学、抑郁成了青春期孩子的代名词。父母的焦虑、孩子的叛逆占据了青春期的半个舞台，父母和孩子该何去何从？

★ 我的地盘我做主

仍然记得某歌星当年为中国移动代言的广告词，"我的地盘我做主"，我认为这句话用在父母教育子女方面也是非常适合的，尤其是对于青春期孩子的教育。这是父母和孩子之间权利之争的严峻时刻，因为孩子的潜意识在提醒他已经成人了，有自己独立的想法和思想意识。如果这时父母懂得放手，可以让孩子的青春期更加放松。

★ 教育方案考验家长的执行度

在教育孩子方面，有些道理说起来很容易，当我讲给家长的时候，家长会不住地点头认同。但当家长自己把老师所讲的内容实施落地的时候，却发生了很多问题：第一，无法做到坚持；第二，老师教的和家长做的行为不一致，家长往往做了加法或者是减法。所以就演变成了老师教家长的，家长实际上并没有做到，反而因为自己的误解和错误的做法，导致和孩子之间的关系越来越紧张。

★ 青春期的问题早有伏笔

在青春期阶段，孩子身上所呈现出来的大部分问题，基本上都是从幼儿时期开始到青春期，错误的家庭教育方式累积导致的结果，主要原因有3个方面。

第一是家庭氛围，父母是否会当着孩子的面吵架，或者父母和长辈是否有矛盾。第二是父母自身的问题，父母的言行举止、性格以及为人处世的方式对孩子的影响。第三是亲子关系，父母和孩子之间的沟通方式、情感链接、教育方式导致孩子在青春期出现了一些问题。

典型案例

优秀孩子的大转变

近期,一个孩子的妈妈向我求助,请我给她的一个亲戚做心理咨询。其实,她这个亲戚之前联系过我,只是说孩子喜欢玩手机,也并没有说实际的情况,因为这个亲戚也是老师,可能碍于面子,所以没有说实话。实际上这个亲戚所面临的情况完全不像她说得那么简单。14岁的男孩,已经上九年级了,不想上学,每天抱着手机,其他什么都不做。以前他也是尖子生,当这个问题突然出现时,周围的人会觉得奇怪,这么优秀的孩子,怎么突然就厌学了呢?

这是一位对孩子要求非常严格的妈妈,甚至可以说严格到苛刻的程度。任何零食都不能吃,她认为含有添加剂。孩子的一切行动都得听她的指挥,凡事都为孩子包办,从来没有让孩子做过家务,14岁的孩子连一个易拉罐都打不开。如果孩子不听话,她也不打骂孩子,而是用冷暴力对待孩子。

孩子的爸爸常年在外地工作,很少陪伴孩子。男孩为了玩手机游戏,24小时不吃、不喝、不睡觉,爸爸出差回来看到这种情况后,实在看不下去,于是就用衣架打了他。但男孩已经长到1.75米的个头了,比爸爸还高,虽然因为手部肌肉锻炼得少,力气不够大,但也能够抵抗爸爸,竟然把爸爸打伤了。即使事情发展到这种程度,父母也并没有意识到孩子可能已经抑郁了,孩子玩手机游戏的时候,他们仍然在采取极端的手段来处理问题。

令人担忧的是,这样的案例并不是特例,自从2020年以来,我接触了很多和青春期、手机成瘾、抑郁相关的咨询。

很多父母会觉得挺奇怪,既然这个家庭存在这么多问题,而且还持续这么多年了,孩子以前怎么没有爆发出来,而在青春期突然爆发了呢?接下来我给大家做个详细解析,一起来寻找答案。

温馨提示

长期生活在爱的夹缝里的孩子,长大后会怎样呢?显然问题会层出不穷,但暂时被父母错误的教育方式给压制住了,到了青春期以后,所有的问题都会全面爆发。要想未雨绸缪,父母要从小关爱孩子,和孩子一起成长。

青春期孩子的典型特点

叛逆

叛逆是青春期孩子身上的典型特点。因为这一时期的孩子独立意识和自我意识越发地强烈，不希望父母约束自己，生怕别人忽略了他的存在，所以会经常表现出和其他人不同的地方。孩子有这样的一种心理多半是父母的教育方式让孩子内心长期压抑的结果，当然也会有孩子去模仿同龄孩子的行为而刻意为之。

解决方案

📣 **父母和孩子之间不要有权利之争。**

孩子在青春期之前，也就是在孩子10岁左右，父母就要懂得放手，让孩子自己去解决他遇到的各种各样的问题，父母只需要起到辅助作用即可。

📣 **父母要做自我成长和提升。**

父母通过学习家庭教育和心理学的相关知识，懂得孩子的内心世界，想办法和孩子建立良好的情感链接。

📣 **寻找榜样，榜样的力量是无穷的。**

重视榜样的力量。比如，我女儿越越的榜样是一位花样滑冰运动员，和他相关的书籍、海报，只要孩子需要的，我都尽可能地买给她，让孩子朝着榜样的方向去努力。

📣 **给孩子自由的空间。**

其实有关这一点，父母应该从孩子幼儿时期就要做到，到了青春期的时候，要更加宽松一些，这样才能让青春期的孩子没有过多的压抑感和心理负担。

关于早恋的部分我在这里不多加赘述，用我女儿的话做一个简单的总结："我能得到满满的爱，怎么可能会早恋！"当然我们能给到孩子的爱是她所需要的，而不是强加给孩子的，这是很多父母需要学习的部分。

以自我为中心

这个阶段的孩子比较任性、自私，看问题的方式都很自我，丝毫不考虑父母的感受。案例中的男孩身上的这种特点尤其明显，导致孩子出现这种特点的原因就是家人对孩子过度的宠爱和凡事包办代替。妈妈对这个孩子非常宠爱，家务从来没有让孩子做过，14岁的孩子连一个易拉罐的拉扣都拉不开。现在他迷恋上手机游戏，但父母没有用正确的方法引导，而是用粗暴的方法阻止。他就会抱怨父母，认为他们不爱自己，因此感到非常委屈。

解决方案

📢 不要过于关注孩子的事情，凡事让他自己去做。父母也可以带孩子去做运动，如爬山、踢球、攀岩，越具有挑战性的运动越好，可以磨炼孩子的心性。

成绩两极分化

到了青春期，尤其是进入初中，每个学习科目的难度都有所增加。八年级之后，孩子们的学习成绩会出现两极分化，要么越来越好，要么越来越差。成绩差的孩子，他内心深处渴望平等和尊重的想法会被父母忽略或否定。因为现实是很残酷的，所以成绩差的孩子，不但会寻找一个情绪的突破口，如玩手机游戏或者刷视频，而且还会厌学。

解决方案

📢 第一，首先父母要用正确的方法陪伴孩子。比如，父母少说话，让孩子多表达，明白孩子的需求点在哪里，为孩子提供帮助；第二，通过一起运动，或者一起做一家人感兴趣的事情，建立情感链接；第三，尽量给孩子多一点的自由，当然这个自由不是天马行空，而是有规矩、有原则的自由，可以通过"家庭会议"这种形式来探讨规矩和规则，执行的过程中加入随机奖励和惩罚机制，机制由父母和孩子共同商定。当然这一切都是在情感链接很好的基础上进行的。

行走在抑郁刀尖上的孩子

从 2012 年做心理咨询师以来，听到家长说得最多的一句话就是："孩子和我对着干。"而到 2020 年以后，听到家长说得最多的一句话就是："我的孩子抑郁了，应该怎么办？" 8 年的时间，为何会出现这种变化？

★ 网课形势下，家庭需要迎接新的挑战

2020 年至 2022 年，由于特殊情况，孩子们开始在家上网课。很多孩子无法适应这种上课形式，对于孩子和父母而言，这是一项新的挑战。因为孩子在家上网课的时候，父母在上班，没有办法对孩子进行监督和管理，毕竟不是每个孩子都是那么自律的。尤其是智能手机、云时代的到来，人们几乎每天都要接触电子产品。

放眼望去，公交、地铁上几乎全是低头族。成年人都无法做到不去看手机，又如何要求孩子远离手机呢？

一个 10 岁左右的孩子自己在家上课会是一种什么情况呢？可能上了 20 分钟，就会不由自主地刷短视频，没上一会儿课又会看看同学发的信息。孩子自己上课怎么可能做到专注呢？所以在很多家庭里，每天父母和孩子就在争夺一样东西——手机。

典型案例

开小差的 1 小时

越越上五年级的时候，每天需要上 8 个小时的网课。当她来到客厅一看，妈妈在拿着手机直播，爸爸在看电影。于是，回到自己房间后，她就搜索做手工的各种视频，等我们发现的时候，孩子已经看了 1 个多小时了。我们于是召开了紧急家庭会议，探讨如何处理这个问题。

我们首先从自我做起，我修改了直播时间，爸爸在孩子下课后到临睡觉之前不能看手机，除非有紧急事情处理，全程陪伴她学习、运动、放松；确定越越使用手机的时间、时长、次数，她能做到，就随机奖励一次，没有做到，怎么惩罚由她自己来定。我们把规矩定好，全部写在白纸上，贴到墙上去，然后开始执行这个规则。

执行的时候，或多或少都会出现一些问题，我们都会及时解决，原则就是：不准发脾气，不能说负面的语言，谁没做到就惩罚谁。如此执行了 3 个月后，养成了习惯，越越自然没有再去玩手机。

案例分析

全家的努力

能够做到这样，确实是一件不容易的事情。尤其是越越爸爸，他是一个电影迷，为了孩子的学习和成长，也不得不放下手机。他也纠结过，也偷偷地去看过，但每次都被惩罚刷碗、拖地，因为这些都是他不愿意去做的事情。有挑战就会有成就感，现在他感觉全家人谁都没有他刷碗刷得干净。活到老学到老，即使我们已经人到中年，可在解决孩子上网课刷手机这件事情上，我们自身也得到了成长。

★ 不重视孩子的情绪，可能会有严重后果

上文案例中讲到的那个手机成瘾的14岁男孩现在所面临的情况就是深陷在抑郁情绪当中。因为隐私原因，有些案例新闻没有公开报道。实际上，因为上网课孩子玩手机游戏，父母和孩子之间发生激烈的矛盾和冲突导致孩子伤害自己的事件已经发生了多起。

今天把这些令人痛惜的事情写出来，希望引起父母对孩子心理成长的足够重视，而不是到事情非常严重的地步再去找教育专家和心理咨询师。未雨绸缪、防患于未然才是对孩子真正的爱。

★ 父母的行为对孩子影响巨大

但是在很多家庭里面，这样成长的机会却演变成了从玩手机游戏到孩子抑郁之类的事，究竟是什么原因导致的呢？其实就是在处理孩子玩手机游戏的过程中，父母采用的方式是简单粗暴的，有的砸手机，有的动手打孩子，尤其是处于青春期的孩子，他的内心本身就非常敏感，而且自我意识又非常强烈，父母这样的行为，对孩子的内心和思想都是巨大的冲击；再加上学习的巨大压力，孩子找不到情绪的突破口，就出现了抑郁。

● 网课引发的问题

孩子拥有自由的环境和网络时，很难专注于学习。

● 不要对孩子要求过于严格

成人尚且不能很好地控制自己不看手机，更不要说孩子了。

● 重视孩子的心理健康

和孩子一起成长，未雨绸缪，关注孩子的心理发展。

解郁的良药

什么是治愈孩子抑郁的良药？"幸福的孩子用童年治愈一生，不幸的孩子用一生治愈童年"，良药就隐藏在孩子的童年当中。

青少年抑郁现象已经非常严重

在《中国国民心理健康发展报告（2019—2020）》调查数据中，我国青少年抑郁检出率已达到24.6%。这个数字其实并不是完全真实的比例，因为有很多父母不愿意孩子参加这样的调查。但是这个数字足以给所有的父母一个警示。

当孩子有抑郁情绪或者是有伤害自己的倾向时，我们更多的要关注隐藏在这个家庭背后的教育真相。

父母的困惑

很多父母不明白：自己的孩子怎么会抑郁了呢？好吃好喝好穿供着他，对他还不够好吗？其实真实的原因就是父母从来没有倾听过孩子内心真实的声音。很多孩子表面上呈现的，其实并不是他真实的自己。

时代不同，教育的方法也应该有所不同。但大部分父母使用的教育方法仍然是延续上一辈的，当然也有很多的父母在学习，通过线下和线上的课程学习了很多有关于家庭教育的知识，但当他们把所学的知识运用到自己孩子身上的时候却发现作用并不大。因为有些父母不具备举一反三的能力，有些父母学习了A，运用到孩子身上是A+或者是A-。所以我常常说，家长要想把家庭教育做好，需要家庭教育指导师手把手带上3个月。当然，家庭教育师并不是学了3个月，考个证就能去指导其他家长，还要具备多年的教育经验、亲子咨询以及家庭疗愈经验，才可以真正帮助家长快速成长。

父母理解孩子的压力

当父母带着孩子来做咨询的时候，通常会问我："于老师，有解决我家孩子抑郁的绝招吗？"每次听到父母这样的问话，我只能苦涩地一笑。

典型案例

请给孩子她想要的爱

在几年前，有一个上小学五年级的女孩，父母带她来做咨询，这个女孩当时抑郁已经有些严重了。爸爸和我说："你看我们小时候吃不饱穿不暖，多惨啊！现在的孩子过得多幸福，吃穿不缺，要啥有啥，还感觉自己不幸福，真是奇怪。"在这对父母看来，孩子这是矫情。哪里来的那么多难受，哪里来的那么多抑郁？因为他们不知道孩子心里的苦从何而来。

坐在我对面的夫妻俩都是研究生学历，而且都在深圳的知名企业做高管，但在教育孩子方面他们好像一无所知，甚至能问出这样的话来，我感到深深的遗憾。我只说了一句话："请给孩子她想要的爱！"结果这个爸爸说了一句："我闺女想要的爱就是天天玩手机。"我告诉这位爸爸："孩子玩手机只是一个表象。这个现象背后的实质是孩子长期缺少父母的陪伴，而且失去了学习的驱动力。这也说明平时孩子学习也好、考试也好，很少能得到来自父母的正面肯定。孩子的内心很苦，父母却不知道，还在不断地给孩子加压，她能不抑郁吗？"听我讲完后，夫妻俩就低着头不说话了。

现在的孩子学习压力很大，父母要理解

父母的忽视可能会导致孩子抑郁

现在的孩子压力很大，社会竞争也很激烈！堆成山的试卷和作业等着孩子们去完成，孩子的分数和父母的期望值有巨大的差距。在几座大山的压迫下，孩子本来已经很苦了，却还得不到父母的关注和理解。还有家里生二胎的，老大上了小学以后，父母就把老大忽略了，老大拼命努力想让父母看见自己、关注自己，得到的却是父母的批评和吼叫。有些父母的吼叫对孩子来说就是一种恐惧，一个长期生活在恐惧当中的孩子，怎么会不抑郁呢？

孩子为什么会得抑郁症

📢 父母其中一方或者双方对孩子过度控制。

有些父母非常强势，孩子做什么必须按照父母的方式来，不允许孩子犯错；孩子的人际交往，包括交朋友、谈恋爱、高考选择专业，父母都要把选择权控制在自己的手里；有些父母还会采取贬低孩子的手段，来激发孩子学习的驱动力，美其名曰"没有压力哪里来的动力"。父母无情的控制和打压，让很多孩子彻底失去了自尊，成了抑郁症患者中的一员。

📢 父母对孩子缺少爱的滋养。

不是所有的父母都拥有爱孩子的能力。父母在自己的原生家庭中缺少爱的滋养，很可能会缺乏爱他人的能力，甚至有可能父母本身就是一个长期有抑郁情绪的人。精神分析流派的心理分析家们认为，抑郁症患者主要是源于早期爱的缺失。如果一个人在6岁之前遭受过恐惧、威胁或者是心理伤害，当时父母并没有关注孩子的问题，孩子的内心就会有无助感。这种无助感就是一颗抑郁的种子，当以后发生一些重大挫折，比如，恋爱、婚姻失败或者是中高考失利等，就会重新启动他童年时期那颗抑郁的种子，导致抑郁情绪再现，或者更加严重。

📔 父母要注意沟通方式

很多时候，父母并没有意识到自己的表达方式、沟通方式、教育方式存在问题，因为父母很难站在孩子的角度考虑问题，感同身受。而且在很多家庭里，夫妻吵架从来不避讳孩子，甚至很多夫妻当着孩子的面对打，或者爸爸长期家暴妈妈，孩子生活在这样的家庭里，不抑郁都很难。

📔 心田需要爱的滋养

缺少了水和阳光的土壤会干涸、开裂，这个道理同样适用于对孩子的教育。所以真正能解决孩子抑郁的良药就是给孩子爱的滋养，给孩子的内心重新浇灌水分，用阳光温暖他的内心。我们把孩子带到这个世界上来，就是相互成就和成长，少一点抱怨指责，多一点关爱理解，让爱常驻每一个家庭。

第八章

如何正确对待孩子早恋

青春期孩子的情绪犹如六月的天气，一会阳光美好，一会阴霾笼罩。很多父母没有关注过孩子的情绪，直到有一天孩子在自己房间门口挂了一个"闲人免进"的牌子，父母还感觉到很奇怪："我养你育你，供你吃穿用度，怎么就成了闲人？"但父母并没有反思过，自己的表达方式、沟通方式以及对待孩子的态度对孩子的内心究竟产生了怎样的影响。有一天忽然发现孩子早恋了，父母才慌了心神，拼命想把两个孩子分开，方式错了，结果也就错了。

早恋的前兆

随着短视频的出现，父母在网上也刷到过很多关于早恋的话题。任何事情说得多了，人就会变得麻木，父母对早恋也就没那么在意了。这也导致了很多父母对孩子早恋这一现象没有引起足够的重视，反而造成了一些无法挽回的悲剧。

青春期孩子身体的变化

青春期孩子体内的激素分泌会发生变化，比如，男孩体内的雄性激素分泌增多后，会出现身高快速增长、咽喉部位喉结突出等现象；女孩的身高、体重可能会有所增加，第二性征开始出现，并开始出现月经初潮。

青春期孩子心理的变化

青春期的孩子对情感的认识和理解比以前更加深刻，但是因为心理不够成熟，遇到一些情感冲击的时候，很容易情绪激动或者行为冲动。在青春期之前，孩子对自己的认识和评价基本上来自父母；在进入青春期以后，孩子们开始通过观察身边的人和事来认识和评价自己。由于第二性征的出现，孩子对性别产生了好奇、不安。如果父母早期没有对孩子进行过性教育，有些孩子甚至会产生恐惧心理。因为性知识的缺乏还会产生神秘感，而且急于渴望了解自己身体变化的奥秘，因此心理经常出现波动，变得比较敏感。

所谓的"早恋"是身心变化的产物

当孩子身体和心理上发生变化以后，促使他们开始观察异性，并对其产生好奇心，虽然孩子对感情稍有认知，但是仍然处于懵懂的状态。在一些机缘巧合促使下，两个孩子关系就被拉近了，慢慢地产生一些特殊的情感。有的孩子可能抱着尝试的心态，就如同谈恋爱的模式一样交往，这样的情感被很多教育专家总结为"早恋"。

不要给孩子贴上"早恋"的标签

记者就女儿15岁谈恋爱的事情采访某个明星的时候,他说"早恋"这个词就不对。他认为15岁谈恋爱是正常的,不是早恋。恋爱就是恋爱,青春期懵懵懂懂的恋爱是美好的,十四五岁有了懵懵懂懂的喜欢,是正常的,是人本身就会有的天然的东西。当孩子恋爱的时候,父母不要视其为洪水猛兽,而应当对孩子有正确的引导。

不要因为恋爱而批判孩子

教育小课堂

十几岁的孩子对异性产生好感,或者说有恋爱冲动都是正常的,不应该采取敌对和批判的态度。德国作家、诗人歌德在他的《少年维特之烦恼》这本书里说:哪个少男不多情,哪个少女不怀春?青春期的少男少女春心萌动,彼此思慕,本是再寻常不过的事。

在中国的古典诗歌《诗经·召南·野有死麕》中也有过关于青春期少男少女怀春的描述:"野有死麕,白茅包之。有女怀春,吉士诱之。""怀春"一词较早的出处就是这首诗。当时民风淳朴,封建礼教还没有形成,所以男女表达爱情是大胆、直接的,况且男欢女爱、谈情说爱本就是人性纯真的流露。也正因如此,这首诗歌才如此难能可贵。

作为父母,我们不要把青春期孩子的感情"妖魔化",这是一种非常正常的情感流露。当然,孩子开始谈恋爱,父母内心恐慌是正常现象,毕竟成年人谈恋爱都会出现问题,更何况这么小的孩子。他们对感情和身体的控制能力相对于成年人来说是比较弱的,尤其女孩的父母更担心自己的孩子会吃亏,因为女孩无论从身体还是心理方面都比较脆弱,容易受伤,而且早期一旦恋爱失败很有可能对女孩造成一生的心理伤害。

注意正确引导

"爱之深,责之切",这是父母的天性所致。所以我建议父母,当孩子正值青春期的时候,把更多精力转移到孩子情绪和情感的变化上,但不是紧紧揪着不放,而是正确对待。如果有蛛丝马迹,加以正确引导就好。

父母不要激化亲子矛盾

孩子偶尔出现情绪波动,闷闷不乐,或者异常兴奋,或者不想吃饭等情况的时候,父母一定要去关心孩子,而且在和孩子沟通的时候注意方式,尤其那些在孩子青春期就发生亲子矛盾的父母,更要注意自己的说话方式和话语导向。如果凭着自己的感觉就判定孩子有这样或者那样的问题,可能会激发更深的亲子矛盾。

青春期孩子情绪出现问题的原因

📢 第一,可能是学业的压力,毕竟学习科目的增加、学业难度的增加,对孩子的内心都会产生一定的压力。

📢 第二,可能是同学之间出现一些小矛盾,毕竟青春期的孩子内心都是比较敏感的。

📢 第三,可能是有喜欢的同学了,有交往但是由于其中一方提出分手,或者产生矛盾,而导致孩子情绪变化比较大,内心郁闷。

孩子突然爱美了,可能是情感原因

当一个女孩开始注意自己的形象,爱打扮,甚至提出要买首饰的时候,父母就要多注意了。对于这个阶段的孩子,批评不会产生效果,只会产生反作用,所以父母一定要注意自己的表达方式。父母对子女的关心和爱,要做正确表达,否则会因为给予了孩子错误的爱,让孩子感觉到不适,孩子就会在恋爱中寻找慰藉。

当一个男孩喜欢变换发型,或者放假的时候喜欢穿颜色鲜艳、图案新奇的衣服,经常约三五个同学去外面一起学习的时候,父母也要留心孩子的情感变化。

孩子向父母要的零花钱剧增，可能是感情问题

孩子谈恋爱和成年人一样需要仪式感。比如，一起看电影、喝饮料、逛街、吃东西，或者是节日的时候，给对方买一些小礼物。孩子之间谈恋爱，也和成年人一样，一般情况下，男孩的支出会多一些。当然如果女孩家境比较好，或者比较大方的，也会有支出。所以当孩子突然频繁向父母要零花钱和生活费的时候，父母就要多加注意了。

孩子早恋，父母要摆正心态

教育小课堂

当发现孩子感情变化的蛛丝马迹，父母需要"警惕"，当然不是让父母突然紧张起来，而是要注意观察孩子的变化，想办法加以引导，往正确、健康的方向引导。

父母平时可以和孩子一起探讨谈恋爱是否会影响学习，以自己或者是其他人为例，来讲述青春期的故事，引导孩子明白谈恋爱会对学习产生什么样的影响。愿每个遇到孩子在青春期谈恋爱的父母，都能够顺利引导孩子走出恋爱误区，找到适合孩子的正确发展方向。

关于性教育，如果是男孩，一定要和他一起探讨关于责任心的话题，以及让孩子知道性冲动可能会带来的严重后果；如果是女孩，一定要和孩子探讨如何保护好自己。

我建议在孩子上幼儿园的时候就要有一些浅显的性教育知识，在孩子青春期之前，要给孩子上性教育的课程，孩子没有好奇心，出现问题的概率就会更小。

大部分父母一发现孩子谈恋爱的反应就是"不行，影响学习，马上把他们拆散"，还有可能在和孩子沟通的时候，简单粗暴，更有动手打孩子的。最后问题不但得不到解决，反而因为父母错误的行为和教育方式，把孩子推得越来越远。孩子谈恋爱不是一件错事，而是青春期的一种正常的表现。如果有错，也错在父母没有做好教育和引导。父母只有摆正心态，正确对待，才是解决问题之道。

了却孩子"千千爱"

早恋没有对错之分,只是孩子在青春期可能会出现的一种现象。所以当父母发现孩子早恋时,多从孩子的角度去看待问题,心态平和,认真疏导,帮助孩子树立正确的恋爱观,让青春期的孩子身心都得到健康的成长。

★ 为什么只有我的孩子早恋

谈到父母与子女的关系,逃不开一个"爱"字;谈到青春期孩子的情感,避不开"早恋"二字。两者之间有着千丝万缕的联系。

很多父母不理解,班里几十个孩子,为什么只有我的孩子早恋了,其他的孩子为什么不会呢?

我们常常说:"幸福的家庭总是相似的,不幸的家庭却各有各的不幸。"

为什么说幸福的家庭总是相似的?因为幸福的家庭是被爱滋养的,整个家庭当中有爱在流淌,彼此之间有包容、理解和感恩。即使父母或者孩子偶尔犯错误,也是能被接纳的,所以会减少矛盾的产生。

典型案例 ①

摔倒不哭的小孩

2019年春节的时候,我去珠海拜访朋友一家人。朋友的儿子是警察,儿媳妇是军人,孙子不到2岁。在朋友家待了3天,每天的感受都不一样。

第一个感受:从来没有听见她孙子哭过一声。2岁不到的孩子,经常摔倒,有一次"咚"的一声,重重摔在地板上。然后,孩子自己爬起来,快步走到妈妈面前,妈妈立刻就拥抱了孩子,亲了亲,再把孩子抱在怀里。我以为孩子会哇哇大哭,没想到他只是把头埋在妈妈怀里,再抬起头的时候,眼睛里有泪水。

见状,我开玩笑道:"军人的儿子教育方式是不是很军事化?摔得这么重都没有哇哇大哭。"朋友儿媳妇笑了:"阿姨,我们还真没有这么做。他刚学走路的时候,每天都摔好多次的,都是自己爬起来,也会流眼泪,望着我和他爸爸。每次我们都问他是自己走过来我们身边,还是需要我们过去抱他。一般他都会选择走过来拥抱我们,我们也什么都不说,就是静静地抱他一下。"

第二个感受：孩子的独立意识很强。第二天，出门玩之前，朋友儿子一家三口做着准备工作。那一年冬天的珠海比较冷，我看到朋友孙子自己穿衣服、穿鞋子，毕竟他还不到2岁，小手指的肌肉不够发达，穿鞋穿得有点费劲。妈妈也没有去帮孩子，就站在孩子旁边等他，一边等还一边说："不着急哈，把脚丫都放进去哦。"大约5分钟后，小家伙把鞋子穿好了。孩子的爸爸拉着妈妈的手，不经意间就亲了孩子妈妈，小家伙一边笑一边拍手，喊着："要亲亲。"夫妻俩把孩子抱起来，都亲了孩子，再把孩子放下来。

当孩子感受到父母相亲相爱的时候，内心是充满喜悦的，也更加渴望父母也用同样的方式对自己表达爱。

第三个感受：家庭成员相互包容，共同承担。第三天，朋友不想出远门，便选择留在当地玩。我们两家人开了一辆商务车出门，游玩了整整一天。回去的路上，离家还有20分钟车程时，朋友的儿子打电话问朋友都准备了什么菜。朋友忽然说："哎呀，你看我这记性，你都和我说了先把冰箱里的鱼拿出来化，我竟然忘记了。"朋友儿子不但没有埋怨妈妈，反而说："妈，你别着急。这样，你先把鱼拿出来泡在温水里，然后你别弄，等我回去做。"回家后，朋友的儿子开始做菜，8个菜不到1个小时就做好了。朋友的孙子也在厨房和客厅里忙活着，仿佛他也在做饭。虽然小家伙不能端碗盛饭，但是他爸爸做饭的时候，一会喊他拿棵葱，一会喊他拿头蒜，他也非常忙碌。当所有饭菜都端上来的时候，小家伙还去拉奶奶的椅子，让奶奶坐，然后再爬到自己的儿童椅上坐下来，一副非常有礼貌的样子。

温馨提示

一个有爱意流淌的家庭，会给每个人一份安全感、一份内心安详的感受。这样的家庭培养出来的孩子，即使在孩子青春期发生了早恋，我相信他们也一定会处理得非常好。更何况，这样温馨和谐的家庭氛围，孩子早恋误入歧途的可能性是很小的。

看上去美好的家庭

也有一些家庭的氛围与前面的例子完全相反。

孩子的爸爸是一个公司的高管，薪酬丰厚；妈妈是一家公司的会计，只有月底工作比较忙。他们的女儿14岁，在深圳一家中学读初中，学习成绩中等，是个很有文艺气息的女孩。他们过着相对优渥的生活。看到这样的一个家庭，大部分人都会认为，这一定是个幸福的三口之家，但事实并不像我们看上去那么美好。

孩子的爸爸是个非常优秀能干的人，从小在农村生活，家庭条件非常不好。为了供他读书，本来学习成绩很好的妹妹高中辍学外出打工，供哥哥上学。哥哥很有责任心，后来学业有成，在深圳稳定以后，就把父母和妹妹一家人也接到了深圳。孩子的妈妈从小在北方长大，高知家庭，独生子女，她读书时候的家庭生活和现在所过的生活基本相同。但她对自己老公的要求很高，周末无论多忙，都得陪她和孩子，不能去父母家和妹妹家，也不能出去应酬。

刚开始结婚的时候，毕竟彼此之间还是比较包容的，尤其是孩子的爸爸不仅包容孩子妈妈，还非常听话。但随着孩子越来越大，孩子的爸爸感觉自己去看父母和妹妹的时间太少了，就和妻子发生了矛盾，而且这个矛盾愈演愈烈。主要的原因是孩子爸爸想把父母接到自己家里来住，但妻子坚决不同意。为了这件事，他们当着孩子的面大吵了一架，孩子爸爸还打了孩子妈妈一个耳光。这个耳光几乎引发了离婚大战，最后以孩子爸爸妥协收尾。

他们说孩子以前的学习成绩虽然算不上好，但是一直保持在中等的水平。自从那次事件发生后，孩子好像变了一个人，放学回家以后，和父母之间的沟通越来越少；除了吃饭，基本上不出自己的房间，就是周末也是一样，他们要带孩子出去散心，孩子也不去。

直到有一天，他们发现孩子周末玩手机玩了一整天，晚上都没有睡觉，才发现孩子已经失眠有半个月了，而且在孩子手机上还发现她在给一个男孩发信息，并称呼对方为"老公"。

孩子的妈妈大动肝火，打了孩子耳光还不够，竟然用衣架抽孩子的小腿。当孩子撩起裤子时，我看到腿上有几道黑黑的印迹。

当他们一家人坐在我工作室的时候，这件事情已经过去了3个月，早恋问题非但没有得到解决，还发生了孩子割腕的事件。妈妈不敢再对女儿动手，一再和孩子说好话，让孩子原谅自己。但孩子好像听不懂她的话一样，不表态也不说话，把妈妈当空气。

- 再忙也要顾及家庭和孩子

  家是温暖的地方，爱人和孩子都需要沟通和陪伴。

- 家庭矛盾会影响孩子

  夫妻感情出现问题，对孩子有潜移默化的影响。

- 暴力不会解决问题

  暴力只会让情况变得更糟。

> **温馨提示**
>
> 父母要想给孩子充足的爱，请先修炼自己的心，让自己充满爱，拥有爱人的能力。

⭐ 早恋只是导火索，不是矛盾的根源

当我们看到第二个案例中发生的事件，再对比一下我珠海那个朋友家的事情，你的感受是什么？你可能会说，因为他们夫妻俩处理孩子早恋事件不当而引发了孩子选择割腕，这只是事情的表象。实际上，即使没有早恋事件，这个孩子以后再遇到另一个创伤事件，她仍然有可能选择割腕。因为第二个家庭里缺少了一样东西——爱！家庭中没有爱的流动和流淌。孩子妈妈和爸爸之间的诉求有冲突，而爸爸觉得自己是迁就的一方。当这个迁就有一天到达极限的时候，一个小小的事件都可能成为他们婚姻问题的导火索。一个缺爱的家庭，是不可能养育出一个身心健康的孩子的。

⭐ "千千爱"是尊重的意思

可能很多父母不理解这章所讲的"千千爱"是什么意思，它不仅仅指孩子早恋中的爱，还有家庭中夫妻之间的爱、父母与子女之间的爱。如果一个家庭中满满都是爱的滋养，不论孩子是否早恋，父母都会给予孩子尊重，并采取正确的处理方式；如果一个家庭中缺少爱的流动，即使孩子没有早恋，他的心中可能也是千疮百孔的。

枪响之后，没有赢家

有一年，我去了一趟仙湖的弘法寺，听说那边的桃花开得比往年早，而且非常灿烂。1个月以后，我们再次去仙湖的时候，却看见很多桃花都谢了。花开得太早，容易早早地凋谢，就像早恋一样。

早恋和花开是一个道理

早开的桃花，犹如青春期的爱恋，过早谈恋爱，过早涉及情感，能够持久的太少，能够走到最后的更少。当今这个时代，处于青春期的孩子却无所顾忌地谈着恋爱。不仅是初中生谈恋爱，在很多小学生当中都有早恋现象。

> 你能接受孩子多大谈恋爱？

早恋为什么值得关注

我国台湾诗人席慕蓉曾在《透明的哀伤》中说过一段话："幸福的爱情都是一种模样，而不幸的爱情却各有各的成因。最常见的原因有两个：太早，或者，太迟。"其中，太早的意思就是早恋，因为心理不够成熟，还没有能力去把控自己想要的爱情。

典型案例

补课产生的情愫

我有个闺蜜是个语文老师，她有一届学生，班里的班长是个俊秀的女孩，学习成绩也相当不错，经常听闺蜜夸奖这个孩子。闺蜜有什么好吃的都会带给她，而且还经常带一些小礼物给她。

去年，闺蜜找到我，一定要我接一个咨询，我答应可以抽时间见一下家长和孩子。当孩子坐在我对面的时候我愣了一下，因为我无法把她和闺蜜口中赞不绝口的孩子联系到一起。孩子一点不像我曾经在照片里看到的那样阳光灿烂，她整个人看上去比较憔悴，一脸的不情愿。她妈妈说话的时候，女孩斜着眼睛看着妈妈，而且满是敌意。

从她妈妈的叙述当中，我了解到孩子身上所发生的事情。

孩子在高一的时候学习成绩还是不错的，在班里属于中上等。到了高一下学期，不知道什么原因，学习成绩开始下降，后来也补习了一段时间，但是学习成绩并未得到提升。在高一期末考试的前半个月，这个妈妈发现女孩在手机上和一个男孩聊天，内容都是同学之间非常正常的学习探讨，妈妈就没有在意。

高二期中考试结束以后，他们就发现孩子经常呕吐。一开始以为是孩子胃不好，想带孩子去医院检查一下，但是孩子就是不肯去医院，在父母和老师的百般劝说下，才不得不去医院。医生给孩子简单检查完后，告诉孩子的父母，最好带孩子去妇产科检查一下。孩子的父母当时就惊呆了："胃不舒服和妇产科有什么关系？"听孩子的父母这么问，就回了一句："你女儿好像怀孕了。"

妈妈吓了一跳，一直哭，回到家以后就问她女儿是不是谈恋爱了，和谁谈恋爱。一开始孩子说什么都不肯讲，后来妈妈就和孩子说："你不说，我就给你跪下，跪到你说为止。"女儿听妈妈这么一说，就告诉了妈妈是怎么回事。

实际上，高一下学期补习那段时间，孩子感觉特别痛苦，不能接受曾经那么优秀的自己也需要补习功课，而且补习之后成绩竟然一点进步都没有，很受打击。同桌的男孩学习成绩很不错，是班级里的前五名，看到女孩那么难受，就提出来每天自习课帮女孩补课。关于作业部分，几乎都是通过手机给女孩讲解，所以基本上每天晚上女孩都能准时完成作业。

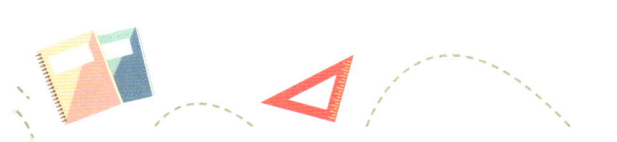

暑假的时候，因为父母每天都上班，女孩就把男孩带到家里来一起学习。因为上学期男孩经常帮她补课，已经有了一定的感情基础，所以当两个人共处一室的时候，感情升温，就发生了性关系。女孩一开始还以为自己只是胃不舒服，后来2个多月不来月经，才感觉不对劲，又不敢和父母说，就一拖再拖。直到父母一定要带她去医院检查，她才知道瞒不住了，不得不面对。

　　女孩的妈妈欲哭无泪，向我闺蜜求助。我闺蜜给出建议，和对方父母商定，先问男方解决办法，再解决女孩的情绪和心理问题。

　　和男方的协商比较顺利，看着对方父母满满的诚意，女孩父母也不知道应该怎么办才好，只能带着女儿先把流产手术做了。

　　但做完手术之后，女孩的状态就一直不是很好，之所以一定要找我做咨询，是因为他们发现女孩有自残倾向。听完他们的讲述之后，我就起身拥抱了一下女孩，没想到原本默不作声的女孩开始大哭，那哭声甚至有点吓到我了。

　　我让女孩的父母到其他房间休息，我单独跟女孩相处，她终于敞开心扉："我不想去上学了，人活着真没意思。""孩子，你不想去上学我可以理解，谁遇到这样的事情都需要一段时间来调整自己的情绪和状态。如果我在你这个年龄遇到这样的事情，可能都没有你现在这么坚强。"女孩似乎听进去了。

　　我站在女孩的角度进行了一番开导，在她请假不上课期间，邀请她来工作室陪我。

　　从第二天开始，我这里多了一个小姑娘。半个月以后，女孩主动提出要去上学了，虽然她还没有完全从那件事情的阴霾里走出来，但有了一丝笑容在脸上。

> 你打算在孩子多大的时候对他进行性教育？

案例分析

早恋需要引导，否则可能是无尽的哀伤

早恋的花开得太早，可能会让孩子遭遇重大创伤。在这件事情里没有任何人是受益者，包括男孩和他的父母。男孩会一生背负愧疚生活，即使真的如两家父母所商定的那样，两个孩子大学毕业后就可以结婚，谁又知道那个时候两个孩子是否一定能够走到一起呢？男孩的父母一定要支付50万的赔偿金给女孩，女孩的妈妈动心了，想要这笔钱，但女孩爸爸坚决不同意这样处理。最后两家人一起吃了个饭，给两个孩子订了娃娃亲。看似完美处理的背后，却是女孩无尽的哀伤。

开放的时代对孩子也有一定影响

很多年前的一个春天，我坐公交车回家，在莲花山公园那一站，上下车的人比较多，停车时间有点长。我看到一对小情侣紧紧拥抱在一起，他们看上去最多11岁，却比热恋中的成年男女还要亲密。那一刻我恍惚感受到这个时代确实和我们上学的时代不一样。那会即使是高中生，谈恋爱也是偷偷摸摸的。两个人一起上街都不敢拉手，生怕被老师和父母看到，在同学面前也是小心谨慎。而这个时代则更加开放，父母相对来说也是比较开明的，所以孩子们谈起恋爱来，几乎是无所顾忌的。

一定要多关注孩子身体和心理的变化

建议父母要多关注自己孩子的心理和身体变化，不要以忙为借口而忽略孩子的感受。在孩子的身心成长方面，成绩并不重要，是否考上大学并不重要，身心健康才是最重要的。

父母的爱与孩子的恋

安全感缺乏的孩子更容易早恋，女孩可能因为缺少父爱，而男孩早恋多半跟母爱缺失有很大的关系。父母在孩子的成长过程中，有没有给予孩子充足的关爱，也是孩子早恋的影响因素。

孤独的孩子

前几天一个孩子和我聊天的时候，说他感到自己的心无处安放。孩子和我说话的表情和状态着实让我吓了一跳。他说，他感觉自己非常孤独，而且他害怕孤独。

看到这儿，也许有家长会说：现在的孩子啊，太矫情了，明明有那么多书等着他去读，有那么多的作业等着他去做，每天忙得如同陀螺一样，哪里还有时间说孤独？其实忙并不能代表内心的充实，很多时候，人们会用这种忙碌的方式来填补自己空虚的内心。

什么样的家庭氛围会让孩子孤独

孤独感往往产生在充满父母权威的家庭。在很多家庭中，父母都把自己定位在权威的位置上，这个时候，父母可能不太听得到孩子内心真实的想法。孩子抱怨说："和你说了也没用啊，说了你也不理解啊。"父母不能倾听孩子的内心世界，孩子长大了，有了自己的思想意识，变得越来越成熟。很多孩子宁可沉浸在网络里，也不和父母交流，因为，网络给孩子提供了一个可以自由交流的平台。这时，父母需要思考的是，自己和孩子之间的情感链接是否出了问题。

父母的关注点

我们可以把父母关注的内容分为以下3类。

第一类是孩子的生活。 绝大部分的父母都非常关心孩子的生活。

第二类是孩子的学习。 目前我看到关心孩子学习的父母最多。但是我们会发现，仍然会有很多孩子存在这样那样的学习问题。这是因为很多内在的因素会影响孩子的学习状态，比如，情绪。孩子的学习能力和学习动力是需要被保护和激发的。

第三类是孩子的内心。 实际上能关注孩子内心的父母少之又少。

⭐ 孤独需要排遣

当孩子成长到 18 岁以后，父母会认为孩子已经安全度过青春期了，实际上有些人的青春期要延长至 30 岁才结束。所以当父母多去了解相关的知识就会知道，依靠外部某种物质来不断麻痹自己，是众多青少年摆脱孤独的一种方式。比如，网络、酒精、性等。

即使不到性关系那一步，两颗孤独的"星球"相遇，产生爱情的概率也非常大。

孩子为什么会孤独？因为他的内心没有人能够理解。父母自己的内心从来没有和孩子同频过，这才是很多孩子内心孤独的真相。

- 缺爱的孩子容易早恋
  父母在孩子成长过程中没有给孩子足够的爱，就有可能导致孩子早恋。

- 孤独的孩子容易早恋
  孩子孤独的原因是父母没有真正关心孩子的内心。

- 要增加父母与孩子的感情链接
  父母应该多关注自己孩子的内心。

⭐ 父母的爱是孩子的助力

对孩子来说，父母的角色定位，就是孩子成长的见证者。犹如哲学家纪伯伦在他的诗歌里所说的那样：

你的孩子不属于你，
他们是生命的渴望，
是生命自己的儿女，经由你生，
与你相守，却有自己独立的轨迹。
给他们爱，而不是你的意志，
孩子有自己的见地。
给他一个栖身的家，
不要把他的精神关闭，
他们的灵魂属于明日世界。
你，无从闯入，梦中寻访也将被拒，
让自己变得像个孩子，
不要让孩子成为你的复制。
你是生命之弓，孩子是生命之矢，
幸福而谦卑地弯身吧，
把羽箭般的孩子射向远方，
送往无际的未来。
爱——是孩子的飞翔，
也是你强健沉稳的姿态。

虽然能够做到这样的父母少之又少，但我仍然满怀希望，会有更多的父母能够做到。

> **温馨提示**
>
> 作为父母，我们只需要做孩子生命成长的见证者，而不是操控者。我们只需要在旁边给予他们想要的帮助和所需的供给。

与孩子产生情感链接

"情感链接"所指的并不是父母陪孩子看看电影、吃吃东西，或者坐在一起聊聊天，而是通过这些形式，父母能用心听到、看到孩子的内心世界。只有这样，父母才能和孩子产生真正的情感链接。

在生活中，父母怎样和孩子产生更加深层次的链接

利用休息时间和孩子聊聊他们比较感兴趣的话题。

"儿子，你最近在玩什么游戏呢？""哦，这是一款什么样的游戏呢？"

"孩子，NBA你最喜欢哪个篮球队？什么时候开赛呀？我们周末一起去看球赛吧。"

"闺女，我能和你一起做手工吗？妈妈一直都不会做，你能教教我吗？"

共同的兴趣是拉近感情的纽带。

当父母展现出对孩子所做的事情非常感兴趣的时候，就会拉近和孩子的距离，在时机成熟后，孩子们也会向父母敞开心扉。因为他能感受到自己是被父母所爱、所关注的。可能有些父母会问："接受有限度吗？难道孩子玩手机游戏、谎话连篇、不好好学习，我都要接受吗？"当然不是！如果父母接受了孩子的这些行为，孩子就会认为自己这样做是对的，那就相当于纵容孩子这么做。父母接受的是孩子对待一件事情的情感，并与他的情感产生链接。因为只有这样，父母才能够看见孩子真实的样子，了解他内心的真正所思所想。

父母要允许孩子彰显自我。

如果孩子感受到父母在扼杀他们的个性，他可能会保持沉默，进而切断和父母的联系。比如，父母说："你再这样做，你信不信我会打断你的腿！""你都14岁了，怎么还这么不知轻重？还这么肆无忌惮？看我以后怎么收拾你！""小小年纪你就早恋，你知道后果是什么吗？"当父母如此和孩子沟通的时候，孩子和父母的关系只会越来越远，越来越淡。

抑郁和焦虑都代表着孩子不同程度的长期的压抑。也许有些孩子的性格原本如同一头狮子，但是父母用语言和思想控制了他，给孩子的脖子上拴上了一条铁链，让他成了一头困兽。

- 从兴趣入手跟孩子交流

  共同的兴趣很容易拉近和孩子的距离。

- 没有人愿意带着铁链生活

  尤其是孩子，不要用控制欲扼杀孩子的个性。

- 相信孩子

  父母想获得孩子的信任，先要给孩子信任，相信孩子可以做好。

压抑造成的创伤可能是终生的

有些孩子从小就很会看父母的脸色，到了青春期，他的自我意识成长以后，他可能会更加细微敏锐地捕捉到父母内在的情绪："妈妈，你生气了吗？"

当孩子需要做决定的时候，他不会轻易说出自己的想法，而是很在意父母的感受，会和自己的妈妈说："妈妈，你说呢？"当他长大成人以后，做任何事情都会在意妈妈的感受。如果他很喜欢一个女孩，当他从妈妈的语言里感受到妈妈不喜欢这个女孩时，他就会选择和女孩分手，非常有可能错过自己一生的幸福。

当然有些孩子也会隐藏自己的竞争性，自己学习成绩很好，以前锋芒毕露，当他发现同学因此而经常排挤他时，就可能会为此考个很差的成绩，为的是求个安宁；也有的人可能会一直叛逆到老，借着叛逆来完成他内在一直渴望的独立和自由的生长；当然有的人也会坚持不下去，于是用自己的整个人生和幸福为代价，继续妥协，成为妈宝。这样的成长过程，只会给孩子内心造成创伤，可能一生也无法修复。

要赢得孩子的信任。

让我们全然地相信一个人，这的确是相当难的一件事。我曾经做过一个成人咨询，他说他连自己都不相信，自然是不会相信任何人的。的确，每个人都有自己内心恐惧的那一部分，不信任就是恐惧使然。恐惧使我们很难百分之百地信任一个人，因为我们可能连自己都不信任。每个父母内心都有掌控孩子的欲望，因为我们从来没有把自己的孩子当成独立的生命个体。尤其妈妈会不由自主地想："你是我身上掉下来的肉，我能不担心吗？"但实际上有时候父母对子女的担心是盲目的。放手，相信孩子，也让孩子相信你。

温馨提示

父母要给孩子足够的安全感、勇气和担当，不需要为他设计什么，要相信他一定能够做好他自己。当父母对自己的教育有足够的信心，就不会害怕孩子出错，也不会急着给出各种建议，而是让孩子按照他自己的想法去做。

"早恋"麻辣烫

麻辣烫吃多了，容易上火，也会对身体产生伤害。早恋就是一锅麻辣烫，吃了容易上火；如果从来没有吃过，路过的时候就总想往店里看看，想尝一尝那究竟是一种什么滋味。

不同父母对待孩子早恋的态度不同

对现在的中学生早恋现象，一小部分父母会有见怪不怪的心理；还有部分父母只是表示紧张，或者是没有对策，不知道怎么做才是正确的；开明一些的父母认为只要不影响学业，不影响孩子的未来，孩子之间谈谈恋爱也无妨，把事情和责任给孩子讲清楚，况且让孩子早点学会承担责任也是不错的选择。

但是大多数父母是不接受自己的孩子小小年龄就谈恋爱这件事情的。毕竟在我们传统的观念当中，学生时代好好学习才是正道，谈恋爱会影响学业。甚至很多父母认为，十几岁的孩子是没有能力承担这份恋爱责任的，所以对中学生谈恋爱，只要发现就会制止。这让我想起了我中学时遇到过的一件事情。

> **典型案例**
>
> ### 走到一起的早恋未必就幸福
>
> 从初中到高中，女孩都是我的同班同学。女孩是那种心思比较细腻的人，学习成绩一直都比较一般，在班级里的各种表现也不算很突出。因为我们住得比较近，所以放学的时候我们经常一起走。因为几乎每天都在一起，相对来说，我对她还是比较了解的。九年级早上的一天，我去老师办公室送语文作业，正巧碰到她父母来学校找我们班主任，我一回到教室就告诉了她。她表现得很淡定，好像什么事情都没发生的样子。

当天，班主任老师召开了班会，说到了早恋的事情。其实，我们班主任是比较开明的，班会上并没有言辞激烈，只是说只要不影响学习就好。

回家的路上，女孩和我说了她和隔壁班一个男生谈恋爱的事情，我当时很惊讶，因为之前没有看到她有任何异常的表现。其实她和那个男孩上小学五年级就认识了，因为那会上下学没有女孩和她一起回家，基本上都是这个男孩陪她一起走。曾经在一个倾盆大雨的天气，男孩还把她背回了家。他们上了初中之后，就产生了不一样的情愫，所以两个人谈起了恋爱。要不是她妈妈看到了她写的日记，估计这件事情他们会一直瞒着各自的父母。

后来，男孩考到了北京的一所大学，但女孩由于成绩一直都比较一般，并没有考上大学。他们的恋爱故事没有像其他情侣那样早早夭折，即使遇到很多的坎坷，即使分开两地，他们仍然保持着非常紧密的联系。女孩甚至每个学期都会到北京去看这个男孩。因为我也在北京上学，所以女孩每次来到北京，我们都会聚一聚。

男孩毕业后，女孩强烈要求他返回老家工作。他们之间的情感动荡就是从这件事情开始的。当然，男孩并没有选择回老家，而是去了一个经济比较发达的城市。女孩当时已经在当地工作4年了，而且还是一份在银行的稳定工作。但为了能和男孩结婚，女孩辞掉了父母为她安排的工作，义无反顾地去到了另外一个城市。但他们结婚2年后，就离婚了。女孩选择回到父母身边，2年都没有上班，每天就是待在家里，最后选择离开了这个世界。他们原本是同学们看好的一对，结局却令人扼腕心痛。

早恋的结果

早恋本来就是青涩的,很难有美好结果,同学坚持了10年,仍然是以离婚收场。他们是非常少见的从早恋到结婚的一对。然而,从男孩上大学那一刻开始,他们已经拥有了自己不同的价值观,即使男孩因为责任选择了和女孩结婚,但也难以长久。

当我从事家庭教育和心理咨询工作后,才知道那个女孩当年是抑郁了,无法从离婚的事件当中走出来。所以说,孩子过早谈恋爱,也许未来会有结果,但是否幸福无人能知。

孩子早恋时,父母要帮助孩子调整

父母在知道自己孩子谈恋爱的时候,既不要推波助澜,也不要拼命阻拦,要选择正确的方式与孩子们沟通,解决孩子们的困惑,让他们能够从那个困局当中走出来。其实,父母如果在平常的生活当中,多给予孩子一些关注,包括孩子的情绪、心情、状态的变化,帮助孩子做好调整,孩子是能够慢慢调整好自己,并走出早恋困局的。

不要让早恋成为父母和孩子无法跨越的鸿沟

当父母发现孩子谈恋爱的时候,不能只是一味地阻止孩子,而是要从心出发,懂得孩子缺少的是什么,否则会因为父母不当的处理方式酿成悲剧,也会让父母终生遗憾。

父母是孩子的依靠和最爱的人,在遇到困难的时候,孩子也渴望得到父母的理解和帮助。我们都曾经年轻过,也有可能早恋过,站在孩子的角度去理解他们的心境,给他们需要的帮助,不要让早恋成为父母和孩子之间的鸿沟,更不要让孩子一个人去面对,他们的心需要一个靠岸的地方。

第九章

不要把原生家庭的问题带到下一代

"原生家庭"是近几年很多家长在上父母课堂时听得较多的一个词语了,似乎一个人的心理创伤一定会和原生家庭扯上关系。但这确实又是我们不得不面对的现实。朱德庸先生曾经写过一本书叫《大家都有病》,讲的就是原生家庭带给孩子的心理创伤,会导致孩子成年之后性格方面出现一些缺陷和病态表现。那些一直以来难以被他人接受以及自己也无法接纳的、似乎无处安放的感受,其实都来自原生家庭,来自孩子和父母之间的关系。

你忘记自己的童年创伤了吗

童年生活对一个孩子成年后的影响是非常巨大的。如果在童年的时候，孩子遭遇过伤害，那么这些伤害会在不知不觉间渗透到他日常生活当中，在人际交往、情感和婚姻当中持续发酵。

典型案例 1

一句话造成的童年阴影

7岁之前我是和爷爷奶奶生活在一起的。尽管他们非常爱我，把我照顾得非常细致，但是由于我和父母之间的情感链接一直不是很好（他们很少来家里看我），乃至于到了30多岁，我仍然没有安全感。

当我回到父母家里后，总感觉自己是个客人，而不是这个家庭的一员。因为我明显感觉到妈妈是不喜欢我的。至于什么原因，当时我并不知晓。妈妈对于妹妹是非常偏爱的，在她的语言当中，不但一点都不避讳她对小女儿的偏爱，甚至偶尔还会出言："你看妹妹多聪明，哪有像你们俩那么傻，和你爸一样。"虽然事情已经过去40多年了，今天再写出来，仍然感觉像是在昨天一样萦绕在我耳畔。尽管在那以后她没有再说过这样的话，但这句话仍然给我的童年留下巨大的阴影。我总感觉自己事事不如妹妹做得好，尽管我从小学到大学都是学霸，生活习惯和学习习惯都非常好，但在妈妈的眼里，我永远不如妹妹好。

当然，关于这一部分，在大家读到这本书的时候，我已经疗愈好了。但也有一些人一生都没有走出童年阴影。

伤害不会消失

成年以后，很少有人还记得自己童年时期所遭遇的伤害或者是一些创伤，大部分人会忘记自己童年时期的一些经历。无论在工作当中或者是生活当中，当另一个创伤再一次侵入我们内心的时候，都会引爆一场你可能无法想象的情绪失控。事后你会为此感到困惑，那一刻的那个人是自己吗？其实遇到这样的事情，都是因为在童年时期所遭遇的内心创伤所致。当然那些完全不记得有类似事情发生的人，是因为那件事情在你的脑海当中已经消失了，我们可以称之为"失忆"。

有些记忆看似被遗忘了，其实只是没被触发

关于孩子 3 岁之前没有记忆这件事情，坊间有很多的说法。在《有吸收力的心灵》一书中有这样一段话："在 3 岁这个时候，大自然好像画了一条线，将 3 岁前和 3 岁后分隔开来。"实际上人在 3 岁之前是有记忆的，尤其是有重大事件突然发生的时候，而且这些记忆都储存在人的大脑深处，只是没有被触发，没有被启动而已。

在我最初学习心理学的时候，经常参加个案疗愈的课程。在课程当中会有很多同学来分享自己的童年经历，老师会帮助每个人分析这些经历背后有着怎样的一些问题或者是伤痛。当然这样的课程都有一些疗愈的效果。

记忆是会"骗人"的

还记得当时有个 27 岁的男生，当老师问到他有没有一些痛苦的童年经历时，他说自己的父母在教育方面是非常民主的，从来没有打骂过他，甚至从大约 5 岁开始，他自己的事情基本上都是由他自己做主的，他感觉自己没有经受过任何的童年创伤。但当老师帮他做了一个催眠，开启了他记忆的闸门后，他才重新想起了一些童年记忆，才知道为什么自己那么喜欢上这样的疗愈课程。

童年阴影会影响孩子一生

童年的一些不愉快的经历会在成长中留下长期的影响。

教育小课堂

很多人会认为童年创伤一定是因为经历了被伤害、毒打、虐待，乃至于校园霸凌或者是因为口吃、生理缺陷被他人嘲笑等事件，其实并非如此，而且我们每个人都可能在童年时期遭遇过伤害。

奥地利心理学家阿德勒先生说："幸福的人一生都能被童年治愈，而不幸的人却要用一生去治愈童年。"其实童年伤痛带给我们的可能不仅仅是心理的伤害，还有身体上的疾病。

父母对自己伤害到了孩子这件事一无所知。比如，父母吼叫了孩子一次，吓到孩子；父母当着孩子的面吵架、打架，给孩子造成惊吓，让孩子感到恐惧；或者两个孩子，父母只喜欢年龄小的那个，无视另外一个孩子的存在；也有可能是父母无意中说出的一句伤人的话："你看看别人的孩子，你怎么就那么不让我省心""你是哥哥，怎么就不知道让一下妹妹""我工作那么忙，我哪里有时间陪你啊"；还有一些父母会说："我这么辛苦都是为了你""我这么做是为了你将来过上好日子"，等等。父母这些语言和行为可能会给孩子留下阴影，造成童年心理创伤。

在《深井效应》这本书里，国际知名儿科医生、童年不良经历研究领域专家娜丁·伯克·哈里斯，通过多年的临床实践和 3 万份案例研究，发现一组惊人的数据：童年遭受过不良经历的人发生学习障碍和行为问题的概率会增加 32.6 倍，冠心病、癌症、脑卒中、糖尿病等重症患病率增加 3 倍，焦虑症、抑郁症等心理疾病患病率增加 4.5 倍。

典型案例 ❷

漂亮同事不为人知的创伤

我以前的一个女同事，是名副其实的美女，不仅身材好，性格也好，因此得到很多人的喜欢。她外表看起来心境平和、温顺雅致，而且笑容可掬。

有一次，两个男同事在公司大堂打起来了，俩人都挂了彩。我和这位美女同事从他们身边经过，正是他们打斗最激烈的时候。我的这位美女同事当时挽着我的胳膊，我明显感觉到她浑身发抖，手臂抖得特别厉害。我为了安慰她，就去握她的手，她的手凉得像冰块。我之所以这么注意她，是因为她第一次来参加讲师培训的时候，很多男同事看见美女都过去握手，我看到她和每个男同事握手的时候都特别紧张。当我和她握手的时候，她已经满手是汗了。那是在冬天，正常来说手是不会冒汗的。

有一次我请她喝咖啡，她在我的引导下放松下来，讲起了她的童年。

她家里还有个弟弟，比她小3岁。那个时候赶上计划生育抓得正严，她父母那会都是公务员，在事业单位工作。为了再生一个男孩，父母把她送到了她姨妈家，因为姨妈结婚几年没有孩子，其实相当于把她过继给了姨妈。于是她父母紧锣密鼓准备生第二个孩子。弟弟出生后，爷爷奶奶和外公外婆知道她妈妈生了个男孩，大家都很开心。她和姨妈看望妈妈的时候，妈妈却把她当空气，不在乎她。她7岁那年，姨妈怀孕了，就又把她送回她的父母家，从那一刻开始，她感觉幸福已经离她远去了。

因为她的回归，尽管父母因为要生二胎搬了一次家，但是很多邻居还是知道了她家生了二胎。没过多久，父母都失去了工作。她父亲整日酗酒，还经常无缘无故动手打她。有一次爸爸喝醉酒狠狠踹了她一脚，把肋骨踹断了两根，还一边打一边说："就是因为你一个丫头片子，我和你妈才没有了工作，你怎么不去死！"把一切责任都推到她的身上。她仍然清晰地记得当天晚上她痛得根本睡不着觉，她一直喊"妈妈"，喊了20多分钟后她妈妈意识到不对，才把她送到了医院。她读完中专后，就再也没有回过父母家。她说那一刻她感觉自己终于逃出了那个牢笼，可以尽情呼吸自由的空气了。

听她讲完，我的内心都感到无比压抑。

父母不要变成孩子一生的阴影

教育小课堂

很多人以为童年的伤害，随着时间的推进，慢慢就会成为过去。可能因为时间的关系，一些记忆确实已经模糊了，但那些打在身上的伤痛身体依然记得。案例中的美女同事看到两个男同事打架的时候，身体记忆再次被唤醒，导致她整个人全身发抖，手变得冰凉。童年的创伤对她来说就是一场梦魇，我无法想象她以后的情感和婚姻生活。但我知道，如果她不进行疗愈的话，很难获得幸福。

童年受过创伤的人，尤其受过严重童年创伤的人，即使未来获得了事业上的成功，有了自己的家庭，但是童年带给他的伤害仍然会影响他。因为那创伤已经深深种进他身体的每一个细胞里面了，那是一个永远无法填补上的"黑洞"。

要去疗愈一段糟糕经历对我们造成的伤害，千万不要感觉这是一件无所谓的事情。一定要知道，童年创伤有可能是每个人一生都无法摆脱的噩梦。

看到本书的你，如果已经为人父母，一定要提前做好预防工作，学习家庭教育和心理学的知识，疗愈自己的童年创伤，同时尽量避免给自己的孩子造成童年创伤。有人说爱能疗愈一切，但如果父母给予孩子的爱是错误的，那就不是疗愈，而是伤害。父母会爱才是真爱；不会爱、不懂爱，带给孩子的可能是溺爱和伤害。

幸福的家庭才能给孩子带来真正的快乐。

自卑是谁带来的

自卑就是人对自己的能力和品质评价过低，自己瞧不起自己，认为自己不如别人，担心失去他人的尊重，并由此而产生的一种心情沮丧、惭愧羞怯、畏缩不前、低人一等的情感体验。

典型案例 ❶

只要坚持，就会发生改变

没有几个人在各个方面都是非常优秀和自信的，有些孩子在学习上是很自信的，但是他在体育方面样样都不行，内心也会非常自卑，对此我深有体会。

我的童年是在爷爷奶奶家度过的，他们给了我全部的爱。老人家带孩子很少会带孩子出去锻炼身体，所以我的体质在12岁之前一直比较弱，这是一种非常不健康的养育方式。

因此，这也导致我上小学以后，只要进行体育运动就经常气喘到休克，最后体育老师都不怎么管我了。每次上体育课全班同学都在做运动，老师让我坐在那儿看着他们。那种感觉是极其难受的，我感觉自己不是集体中的一员，完全被边缘化了。尽管在其他学科老师的眼里，我是班级里的学霸，但在体育老师的眼里我就是个学渣，连跑400米都做不到。所以一提到体育的各项运动，我就非常的自卑，感到自己很没用，一度非常的伤心。

但或许是童年时期，爷爷给予我的教育让我的内核力量比较强大。上了初中以后，我疯狂地跳绳、打排球，打到自己休克、晕倒，休息一下，再继续练习。在我一再的坚持之下，体育老师感动了，体育课上无论运动多激烈，都会让我参加，尽管我有几次休克吓到了他，但他仍然坚持让我参与。初中那两年我一直想战胜运动给我带来的自卑心理，我一再逼迫自己去成长、去改变，这也改变了很多老师对我的看法。至今我仍然记得初中老师每年期末给我的评语，除了那些表扬我的语句，最后总会加上一句："如果再多一点毅力会更加完美。"在初中毕业的评语栏上我终于见到了耿老师的那句："只要坚持，改变是一定会来的。"老师的评语成了我不断鞭策自己成长的动力。

打骂教育导致的自卑

其实自卑是普遍存在的，几乎没有人在所有的领域都是自信的。比如，有些孩子在学习上很自信，但是他在体育方面却表现很差，这时内心就可能会自卑。

很多低自尊的孩子，在生活和学习上都不自信，这是源于身边的人给了孩子不好的评价。这种评价累积多了，孩子就会认为自己确实不够好。比如，很多父母打骂孩子，这是对孩子人格的不尊重，尤其是那种扇耳光、拿藤条抽、衣架打，包括上文案例中讲到的把孩子肋骨踢断两根的。在20世纪90年代以前，很多父母都是这样对待孩子的。在我上初中以前，我一直认为父母打孩子是正常的。当时我家附近的邻居住的都是平房，又不隔音，哪家孩子被打了，孩子哭喊的声音听得一清二楚。

在我学了教育心理学以后，才明白这些父母心理和心态有问题，性格上存在缺陷。那些把孩子打到伤痕累累、踢到肋骨断掉的父母，是要负法律责任的。

有些父母一边打孩子一边说："你怎么这么没有自尊心呢？"其实这些父母并不知道孩子的自尊心已经被他们践踏得一点都不剩了，孩子的自尊心已经低到尘埃里去了，但是父母只沉浸在自己的情绪里面，从来没有想过孩子的感受。当然我不是在指责这样的父母，因为他们的性格缺陷也好，精神问题也好，皆来自他们的原生家庭。

能力自卑也需要重视

前面提过一个14岁的男孩拉不开易拉罐，当6岁的弟弟在他面前轻易就能拉开拉扣的那一刻，我想他的自尊心可能到了零点，能力自卑也成了亲子矛盾的一个重要因素。后来他和妈妈之间基本上处于冷战的状态，对于玩手机游戏的事情，妈妈很少说他，只要一说，孩子就像火药桶一样炸掉。当爸爸出差回来看到孩子玩手机，就不分青红皂白地打他，这也导致孩子抑郁情绪越来越严重。

同学的霸凌或嘲笑造成的自卑

有些孩子的羞耻感不是父母教育不当造成的,而是在同学的欺凌、嘲笑中产生的。这样的案例我以前也曾经接触过很多。

典型案例 ❷

同学眼中的闷葫芦

有一个初中男生,父母在深圳打工供他读书,经常跟他唠叨:"要不是为了你,我们就不用这么辛苦。"这句话成了孩子的一个心结,原来相对比较开朗的孩子,成了同学眼中的闷葫芦。这个孩子的自卑不仅仅来源于自己家里拮据的经济条件,更多的是同学的嘲弄。班级里有一些重大活动,每次他报名同学们都会说:"别带这个闷葫芦,啥也不愿意说,又帮不上忙。"渐渐地,这个孩子被边缘化,内心也越来越自卑。在2018年的时候,这个孩子因得了重度抑郁症而无法上学。

有一种区别于打压造成的自卑,来源于父母对孩子全方位、无微不至的照顾。

人有自卑心理一般是源于多个方面的

首先，原生家庭对孩子心理造成的影响。

很多父母在没有学习家庭教育和心理学相关知识的情况下，在教育孩子的时候，会用一些原生家庭中的方式和孩子沟通。在这些方式中，有相当一部分是消极的、负面的、打击性比较强的。

秩序敏感期错误的打压

典型案例 ❸

我叔叔的孙子小时候非常爱动。在孩子2岁之前，家里人对孩子疼爱有加，也没有任何的规矩和原则，这导致了孩子在2岁左右的时候秩序敏感期出现了一定的问题——家里人习惯性地去打扰孩子。比如，孩子正在搭积木的时候，爷爷说孩子摆得不对，就过来帮孩子摆好；孩子玩玩具正开心的时候，奶奶过来喂一口水果……孩子上幼儿园以后，总是在课堂上捣乱，和同学打架，老师经常让我叔叔把孩子带回来。他们忽然发现这个孩子的行为有问题，就开始约束孩子。但孩子已经养成了习惯，每次家里人一说他，他就对抗。他父母认为不给他点颜色看看是不行了，因此就用各种语言打击；做得过分了，就"男女混合双打"。1年多下来，孩子确实安静了很多，但是到了幼儿园大班的时候，什么都学不会，家里人都怀疑孩子智商有问题。有一次我去叔叔家做客，叔叔和我说起孩子的情况。我给他们做了分析后，他们才知道全家人是从一个极端到了另一个极端，孩子有很明显的自卑倾向。我邀请他们来听我的课程，进行学习。经过2年多的学习，叔叔一家人的变化都很大，孩子现在已经上小学了，各个方面的表现也很不错。

其次，在生活和学习上遭遇了失败和挫折。

如果一个人不断遭受各种打击和挫折，自信心会备受打击，就会产生自我怀疑和自我否定，自卑心理就会形成。如果一直受到打击，没有成就感和价值感，时间长了就会形成"习得性无助"。

第九章 不要把原生家庭的问题带到下一代　　189

> **典型案例 ④**
>
> ### 委屈的孩子
>
> 　　有个8岁女孩，妈妈带她来做咨询。自从孩子上小学以后，无论是生活还是学习，只要一出现错误，爸爸和妈妈对孩子就各种批评和打击，有时候甚至会对孩子说很恶毒的语言，导致孩子上了小学三年级以后，老师让孩子站起来阅读，声音小到只有她自己听得见；和同学闹矛盾了，明明是同学的错，但她从来不敢告诉老师，都是自己默默承受着；爸爸妈妈一说她，她就紧张地抠自己的手。直到孩子一考试就紧张得写不出来字，父母才着急。
>
> 📢 **最后，来自生理缺陷和心理方面。**
>
> 　　脸部或其他部位有缺陷，包括五官不协调、身体残疾等，会让孩子从心里有一种不如别人的感觉。还有一些人在工作和生活中总感觉自己不如别人做得好，同样会有自卑感。俗话说："尺有所短，寸有所长""金无足赤，人无完人。"每个人都是不同的个体，不能拿自己的短处和别人的长处去比较。做对比要做纵向对比，让孩子自己跟自己比，昨天和今天比，上次跟这次比。发挥自己的特长，克服自己的短板，战胜自己，才能恢复自信。

> 父母教育孩子需要正确的方式和方法，不要等到孩子出现问题再改变，因为有的问题即使调整教育方法后有所缓解，阴影也会伴随孩子终身。

童年阴影对人一生的影响

如果童年有太多不好的记忆或者是很糟糕的情绪,成年之后,如果没有得到很好的疗愈,这些事情对未来婚姻以及亲子关系都会产生巨大的影响。

童年的影响会伴随孩子一生

从心理动力学①的角度来看,所有成年人长大后出现的问题几乎都与他的童年经历有关。

对孩子来说,童年本应该是一生中相对幸福的一段时光。但是由于每个孩子所生活的家庭环境和父母的养育方式不一样,会有一部分孩子的童年时期生活得非常痛苦,甚至是非常悲惨。尤其是父母离异的家庭,对孩子未来的婚姻以及教育子女的方式都会产生重大影响。当然也有一部分单亲家庭的孩子童年生活是幸福的。

家庭关系对孩子的影响

我在工作中接触过很多由于父母离异对孩子心理造成影响的案例。

父母的婚姻是否幸福对孩子未来的感情生活、婚姻生活都会产生一定的影响。有些孩子在成年以后,可能在婚姻当中没有安全感,非常自卑,或者对婚姻产生恐惧乃至于不敢走进婚姻生活,又或者没有爱别人的能力。这样的人,即便结婚了,在子女的教育观念上也会存在一定的问题。

典型案例 ①

单亲家庭的榜样

有一位优秀的运动员,9岁时已经成为全美自由式滑雪少年组冠军;13岁第一次参加成人项目夺冠;14岁就已经拿到了50块金牌;15岁时登上国际雪联年度积分榜榜首。2019年她开始代表中国参加比赛,2年拿了10次世界冠军,成为国际滑联历史上第一位世锦赛双冠王。这样优秀的女孩,竟然来自单亲家庭。

她一直跟随母亲生活,曾在社交平台庆祝母亲生日时配文:"我会永远感激你的无私、体贴和坚持。"想来她如今的辉煌成就也离不开母亲的教育和背后的支持。可见单亲家庭也有孩子成功的。

①心理动力学是强调心理内部各种驱动力(需要、动机、情绪)的相互作用及对人的影响的理论。

典型案例 2

自我疗愈

有一位优秀的演员,在她12岁那年,爸爸妈妈离婚了。妈妈拿着2 000元钱的抚养费,抱着她哭道:"我们以后的日子怎么过?"就在那一瞬间,她下定决心,坚定地跟妈妈说:"妈妈你别难过,我长大了不会结婚,以后的日子陪你一起过,让你过好日子!"直到她遇到了自己现在的伴侣——一个生活在重组家庭、不相信婚姻、同样决定不结婚不生孩子的人。两个人一见如故,打消了彼此对婚姻的不信任感,选择携手并进,互相理解、互相扶持,组建了家庭。当然他们也参加了非常多的疗愈课程,这也成了他们获得幸福的力量来源。

心理健康与童年经历关系紧密

很多人成年后暴躁的情绪和心理障碍都和自己的童年经历有着非常紧密的关系。我国一项关于大学生心理健康的调查发现,几乎所有的心理障碍中,包括强制性神经症、适应障碍、社交恐惧,甚至学习问题等,或多或少都与他早期经历有着密切的关系。

父母要与孩子积极沟通,不能以暴制暴,避免给孩子留下童年阴影。

? 当着孩子的面,你可以及时控制自己的情绪吗?

典型案例 ③

童年的伤与小心翼翼的婚姻

我的咨询对象一般都是青少年，成人咨询案例很少。然而在去年，我就接到一个成年人的咨询，他的故事值得家长思考。

这位咨询者47岁，结婚多年。咨询者的父亲性格暴躁，有3个子女，没有一个逃脱过父亲的暴打。他说："我小妹有一只眼睛基本上什么都看不到，就是因为她上初中的时候谈恋爱，被我父亲打伤了眼睛，做了2次大手术才保住那只眼睛，但那只眼睛几乎什么都看不到。也因为眼睛的关系，小妹后来被我父亲逼着嫁给了一个非常贫穷的人。妹妹比我小6岁，但是现在看起来比我还显老。"

他考上了大学，家里的经济条件非常不好，父亲不同意他上大学，他就在村子里到处借钱，也只借到500多元钱。上了大学以后，寒暑假他从不回家，都是找个地方打工、攒钱、还债。

大学毕业后，他就来到深圳工作，在35岁那年结婚。他的婚姻在他小心谨慎地维护了3年之后，还是出现了问题。他被调到厦门工作1年，再被调回深圳的时候，发现妻子出轨了，那个时候他们的儿子已经2岁了。那段日子里，他感觉自己每天像行尸走肉一般，每天回到家里都小心翼翼地对待妻子，因为他特别害怕妻子提出离婚。每天下班回到家洗菜做饭、打扫卫生、带孩子，尽量不让妻子做任何事情。

尽管小心地维持，在孩子7岁时，妻子还是提了离婚，理由就是嫌弃他性格太懦弱。他没有同意也没有拒绝，他想着孩子都7岁了，妻子想离婚一定不会要孩子，但是妻子又特别疼爱孩子，最后看在孩子的面上没有离婚。他知道妻子嫌弃自己，就向公司申请了宿舍，1个月回家1次。

我问他为什么来找我做咨询，他说不仅仅是为了自己，也是为了自己的孩子。他儿子玩手机游戏成瘾，已经到了不能自拔的地步，孩子上小学五年级，基本上已经不去上学了，每天就在家里玩游戏，有的时候一天都不吃饭。他想知道怎么样才能让孩子不玩游戏。

> 如果感情破裂，你会为了孩子强行维持婚姻吗？

我问了他和妻子的关系怎么样。他说,他和妻子一直维持着表面和平的假象,妻子其实很厌烦他。说到这儿,他整个人的头埋得更深了。

当他说了1个多小时以后,我问他:"在你父母的婚姻当中,你更像母亲还是更像父亲?"

"我更像我母亲,我母亲是逆来顺受型的人,从我记事开始,父亲一吵架就打母亲,母亲也从来没有想要离婚。"

"你妻子打你吗?"他似乎没有听懂我的话。"你和你妻子发生冲突的时候,她打过你没有?"

"打——打过。"他嗫嚅地说着,似乎嘴唇都张不开。

"你痛苦的童年经历一直被压抑在你的内心深处,这影响了你的婚姻以及你对儿子的教育方式。你选择了母亲式的忍让,所以即便你妻子出轨几年,你都不愿意离婚。因为你的童年几乎是在挨打和恐惧当中度过的,你会认为打孩子是不对的,所以你的孩子是被你宠爱着长大的。另外,妻子和你经常发生冲突,还打你,所以你的孩子不尊重你,而且你在你的家庭里没有地位,也没有尊严。这样的情况下,你是不可能把孩子教育好的。"

听完我的分析以后,这个47岁的男人掩面痛哭,似乎要把他内心的委屈、悲伤、失败全部发泄出来。

希望这个案例能充分引起家长重视。如果一个人童年的生活受到重创,有可能,他这一生都会在童年的伤痛中徘徊,无法走出来。

童年的创伤需要疗愈

孩子的童年所遭遇的创伤非常严重的时候,是需要通过一系列的方式进行疗愈的。因为疗愈能够帮助人们坦然面对那些曾经令他们恐惧或者痛苦的童年经历,并且和那些经历以及曾经伤害过他们的人在内心达成和解的时候,才能解开自己的心结,找到解决当下感情或者婚姻问题的方法。

"踢猫效应"与你的孩子

心理学有个著名的概念叫"踢猫效应",它描绘的是一种很典型的坏情绪的传染。当人有坏情绪时,一般会沿着等级和强弱所组成的社会关系链条依次传递,自上而下到达底层,较为弱小的往往会成为受害者。

什么是"踢猫效应"

学生时代,我曾在《读者》杂志里读到过一个小故事。

一位父亲在公司受到了老板的批评,心情非常郁闷。下班回家后就想躺在沙发上好好休息,但是儿子一直在沙发上跳来跳去,他根本就无法休息。他本不想冲儿子发火,但儿子的调皮成了他发泄情绪的导火索,于是他把孩子臭骂了一顿。孩子一听到父亲骂自己,心里窝了一股火。正好这个时候,家里的小猫在儿子脚边玩,不停地抓孩子的鞋。孩子特别生气,就狠狠去踹身边打滚的猫。小猫吓了一跳,便冲出家门,跑到了街上。结果正好遇到一辆卡车开过来,司机为了不轧到小猫,迅速转动方向盘,结果却把路边的一个孩子给撞伤了。

这就是心理学上著名的"踢猫效应"。

典型案例 ❶

巧妙解决问题的服务员

在一个咖啡店里,服务员正在忙碌,突然有一个顾客指着自己的咖啡杯,愤怒地大喊:"服务员过来!你给我的牛奶竟然是坏的,把我一整杯的红茶全部给糟蹋了!"服务员一边道歉一边微笑着说:"先生,真对不起!我立刻给您换一杯。"服务员很快就准备好了新的红茶,而且碟子旁边仍然放着顾客点餐时所要的新鲜柠檬和牛乳。当服务员把这些全部拿到顾客面前时,轻声微笑着说:"我能不能建议您,如果要在红茶中放柠檬,就不要加牛奶,有时候柠檬酸会造成牛奶结块,就像牛奶坏了一样。"顾客听完后,脸唰地一下子就红了,喝完茶后便匆匆忙忙地走了。

那个顾客旁边有一位笑容灿烂的女士看到了这一幕，就笑着问服务生："刚刚明明是那个顾客的错，你为什么不直接告诉他，是他自己弄错了呢？"这个服务员则笑着说："正因为那个顾客粗鲁，所以我要用婉转的方法去处理；正因为道理一说就非常明白，所以我用不着像他一样大声讲话，否则会让店里所有的人都知道，我们店里的牛奶并没有坏掉，原因是他自己没有常识！那样，他以后就不会再来我们的店里了。但是我这样做，不但没有让他感到羞愧，还让他心情愉快，以后还能常到我们的店里来，而且还会带更多的朋友来，何乐而不为呢？"

克己，复礼，调整好自己的情绪

教育小课堂

有一句话说："能够战胜自己情绪的人都是强者。"这样的人，在事业上也一定是有所成就的。

我们想一想，如果这个服务员也像那个顾客一样去解决问题，他会不会也把自己的怒气转移到另一个顾客的身上，发泄自己在那么忙碌的情况下还被人非常不礼貌地对待的情绪呢？当我们遇到地位比我们低的人，正好赶上我们心情不好、情绪很糟糕的时候，会不会将自己愤怒的情绪转移出去，相关的人会不会都成了"踢猫效应"这个链条上的一环了呢？那是不是就会有很多无辜的人遭殃，甚至还会有很多无法为自己找到情绪出口的人出现自残、自杀的现象呢？

我常常说："心情不好是一天，心情好也是一天，为什么不选择用好的心情过这一天呢？"选择权在你自己的手里，如果你能调整好自己的情绪，那么"踢猫效应"自然就不会发生了。

在很多父母身上，"踢猫效应"几乎每天都在发生。其实，一个人遇事从容，并且能够理智调整好自己的情绪，去面对身边的每一个人，是一件很不容易的事。古人常说："克己，复礼。"我认为这里的"克"就是调整的意思，能调整好自己情绪的人，是能够把人和事分开对待的，也就是我们常说的对事不对人。

典型案例 ❷

带快乐回家

我家里的玄关柜上挂了一幅字画,写的是:"进门前,请脱去烦恼;回家时,带快乐回来。"很多来过我家的朋友看到了就问我:"为什么要挂这几个字呀?"我每次都笑一笑说:"因为我想练书法。"其实字不是我写的,我只是想幽默一下。我不是一个天生幽默的人,仍然记得读高中时邻居阿姨和我妈妈说的那句话:"张老师,你家大女儿好清高啊,见到谁都一副爱搭不理的样子。"其实我已经不记得那个时候的我是一种怎样的状态了,但是现在却有同事问我:"于老师,你怎么每天都那么喜悦,好像一副没有烦心事的样子。"其实谁没有烦恼呢?只不过我烦恼的时候也是一副很开心的样子,所以同事和朋友都以为我有一颗没有烦恼的心。

写这幅字画的原因是,有一次我下班回家,看到电梯旁边的镜子里面有一个满脸疲惫不堪、眉头紧锁、一副不耐烦样子的女人。我仔细地看着镜子里的那个人愣了几秒钟,恍然发现这个人就是我。在电梯里我一直在想,如果全家人看到我这副样子会是什么样的心情呢?如果我吃饭的时候也是这个样子,饭菜估计都不香了。

所以在打开家门的那一刻,我的脸上挂上了笑容,并且拥抱了开门迎接我的二宝。当天晚上我就给一个书法家朋友打了电话,让他为我写一幅字,写好后就贴在我家一进门就能看见的位置上。

玄关柜上的字本来是为了提醒自己,每天进家门那一刻就要开开心心的。结果,不仅仅是我和我的家人被提醒了,就连经常来我家的闺蜜、朋友都被提醒了。这可以说是"踢猫效应"的另一面,把好的氛围带给了整个家庭。

典型案例 ❸

被牵连的孩子

　　以前我做线下家庭教育讲座，出差是我的常态，基本上都是按照既定行程出发。有一次孩子病了，但是我依然需要坐晚上的飞机去杭州，就给我的妹妹打了电话拜托她照顾。

　　没想到妹妹立刻就生气了："你的课程有那么重要吗？孩子病了，你还非得出差吗？就不能推掉吗？"其实她也知道，那几个月我的出差行程确实安排得非常紧凑，而且很多课程在一个月之前就定好了，是根本不可能推掉的。所以听她这么一说，我又急着出门，和她说话的时候我就有了情绪："你又不是不知道我的工作性质，你就照顾她一个晚上，如果孩子感冒确实严重一些，就带孩子去个医院，你也要理解一下我的难处。"我和妹妹从小感情就非常好，相处的像朋友一样，我们几年都不会吵一次架。也不知道那天她究竟是因为什么心情不好，怼了我几句。我说完了就准备出门的时候，她忽然冲她孩子吼了一句："干什么！你就不能消停点，要玩你就下楼去玩，别叫我，烦死了！"其实孩子也没干什么，可能想着让妹妹带他去楼下玩一会。我当时确实是非常赶时间，就没有说什么，赶紧出发了。

　　其实我家发生的这件事情就是典型的"踢猫效应"，最无辜的人就是妹妹的孩子，他可能都不知道妈妈为什么会发火，而且还那么大声地吼了他。

　　我出差回来以后，约妹妹一起喝了个咖啡，把那天发生的事情说了一下，并且问了她一句："那天你来我家之前，是不是原本要带小龙去楼下玩啊？"妹妹说是要带孩子下楼去玩的。"那你那天那么冲小龙吼，肯定吓到他了，你给他道歉了吗？""多大点事呀，没事的，我家小龙内心强大早就忘了。""其实他没忘，只是孩子更容易原谅父母罢了。每一次伤害都是在他未来的幸福路上种上一颗杂草，杂草种多了，幸福就被淹没了。""好，听你的，我回去就给他道歉。"显然我的话妹妹听进去了。

宽容的僧人

有位经常外出云游的高僧,在出门云游之前,把自己满院子心爱的兰花交给了弟子照看,并嘱咐弟子一定要悉心照料。谁知有一天晚上,弟子忘了将兰花搬回室内,而且早早地睡着了。当天晚上狂风大作,很快就下起了倾盆大雨,把开得正艳的兰花打得七零八落。第二天弟子看到后害怕极了,怀着忐忑的心情等着师父云游回来。高僧云游回来后,想要去看看自己心爱的兰花,弟子就把那天晚上发生的事情告诉了师父。他原以为师父一定会责骂自己,没想到高僧只说了句"我不是为了生气才种兰花的",就进屋休息去了。他的弟子从高僧充满智慧的语言中得到启发,并真正懂得了宽容的含义。

父母要调整好自己的情绪

教育小课堂

父母要活成一道光,去影响自己的孩子。这句话说起来容易,做起来确实很难。因为每个人身上都有原生家庭的烙印,包括情感、情绪、为人处世的方式和方法。要想去掉那些不好的烙印,重建一个新的自己,就需要启动一个按键,这个按键就是自我修行,让我们重新启动自己的生命,让生命绽放光芒。

其实,我并不是一个多么细心和用心的人,但我会时刻觉察自己的情绪,并做出调整。慢慢地,那个曾经爱计较的我,也逐渐变得豁达起来。在工作当中,很多讲师也会偶尔说道:"于老师,我发现你变得越来越柔和了。"虽然很简单的一句夸奖,我却非常受用。当我们在这样做的时候,实际上,那个"踢猫效应"的链条就已经被截断了。

父母不仅仅是孩子的榜样,也是孩子情绪的牵动者。无论在家里还是在工作当中,或多或少总会遇到让自己不高兴或者不满意的人和事。如果不设限制地随便发泄情绪,就会牵扯到很多无辜的人。当我们面对这些人和事的时候,稍微理智思考一下,调整好自己的情绪,再次去面对时就会有另一种不同的结局。作为父母,我们不仅要有爱孩子的能力,还要有赋予孩子幸福的能力,其中也包含着我们的情绪处理能力。